认知

人行为背后的思维与智能

[美] 赫伯特·西蒙◎著
(Herbert A.Simon)
荆其诚　张厚粲◎译

中国人民大学出版社
·北京·

图书在版编目（CIP）数据

认知：人行为背后的思维与智能/（美）赫伯特·西蒙（Herbert A. Simon）著；荆其诚，张厚粲译. —北京：中国人民大学出版社，2020. 1
ISBN 978-7-300-27392-1

Ⅰ. ①认… Ⅱ. ①赫…②荆…③张… Ⅲ. ①认知科学-研究 Ⅳ. ①B842. 1

中国版本图书馆 CIP 数据核字（2019）第 262540 号

认知
人行为背后的思维与智能
［美］赫伯特·西蒙（Herbert A. Simon） 著
荆其诚 张厚粲 译
Renzhi

出版发行	中国人民大学出版社		
社　　址	北京中关村大街 31 号	**邮政编码**	100080
电　　话	010－62511242（总编室）		010－62511770（质管部）
	010－82501766（自营网店）		010－62514148（明德书店）
	010－62511173（销售部）		010－62515275（盗版举报）
网　　址	http://www. crup. com. cn		
经　　销	新华书店		
印　　刷	德富泰（唐山）印务有限公司		
开　　本	890 mm×1240 mm　1/32	**版　　次**	2020 年 1 月第 1 版
印　　张	9 插页 2	**印　　次**	2025 年 10 月第 11 次印刷
字　　数	155 000	**定　　价**	69. 00 元

译者前言

认知心理学是心理学研究的新方向。它的主要理论是信息加工理论，因此又可称为信息加工心理学。信息加工理论研究人如何注意和选择信息，对信息的认识和存储，利用信息制定决策、指导外部行为等。信息可能来自外部环境，也可能是身体内部的生理和心理状态，信息加工心理学借用计算机科学、语言学和信息论的概念来说明人的认识能力和适应行为，包括各种心理过程和智能行为。信息加工理论是现代实验心理学的主导方向，在知觉、记忆、注意、语言、思维、问题解决等方面都作出了贡献。

认知心理学受心理学史上行为主义和格式塔心理学的影响，继承了行为主义的经验主义和操作主义的方法论。但是，行为主义的理论和方法在研究人的内部过程方面遇到了困难，必须用其他的理论方法对其加以补充，因而认知心理学又接受了格式塔心理学对内部过程的研究。它不仅把知觉、表象、记忆等基本内部过程作为研究的对象，而且把决策、策略、计划等高级心理活动也纳入自己的研究范围，特别是利用口语记录，对问题解决过程进行了研究。

认知心理学的产生也受到心理学以外的其他科学的影响。20 世纪通信技术的迅速发展，要求通信工程师描述通信系统的特性和规律。心理学家看到信息通道的特性和人类认知过程的相似性，因而利用通信技术与信息论的概念和规律来描述人类系统。克劳德·香农（Claude Shannon）等人把人的认识过程看成信息通道处理信息的过程，研究了有机体传递信息的过程及其限制。从此，输入、输出、编码、译码、噪音、信息等概念就被移植到心理学中。与此同时，诺姆·乔姆斯基（Noam Chomsky）把语言学和心理学结合起来，形成了心理语言学。这一学说改变了传统的行为主义的语言学习理论，提出语言的掌握不仅是一种积累的过程，而且有某种先天的内在规律性；语言的结构规则的内化是语言学习的基础，在语言的理解和发生中深层结构起主要作用。认知心理学依据心理语言学的理论，研究人的言语过程的心理结构和智力操作，因而概念掌握、理解过程、语义知识等都属于认知心理学研究的范围。

对认知心理学诞生起更大作用的是计算机科学。本书作者赫伯特·西蒙（Herbert A. Simon）教授在计算机科学和心理学的结合方面作出了卓越的贡献。他和艾伦·纽厄尔（Allen

Newell）提出的“物理符号系统”的假设开辟了一条新思路。这一系统把人类所具有的观念、概念、能力以及脑内加工的过程看作物理符号的事件，这样就可以把人的心理事件置于物理事件的同样理论体系中来加以探讨。任何物理系统的事件、过程或操作，只要能用符号的形式表示，并能明确每时每刻的状态，就能用计算机模拟出来。同样，人类思维中的各种抽象概念和符号也可以像物理对象一样加以复制、转换、处理和相互连接。从此，符号和符号处理不再是不可捉摸的抽象的东西，而是可以客观描述和研究的具体过程了。

赫伯特·西蒙教授在研究具体事件的计算机科学和研究抽象事件的心理学之间架起了一座桥梁，发展了不同学科之间的类比思想，促进了科学发现。如果不同学科之间的类比是合理的，那么，从一个已知的系统就可以加深对一个不甚清楚的系统的理解。计算机是一个人工装置，其运转特性是已知的。计算机输入符号，进行编码，与内部存储的模式进行匹配，作出决定，给出符号输出；心理学家则利用计算机知识建立人的认知模型：接收信息、编码和存入记忆，利用记忆材料作出决定，指导外部行为。物理符号系统的假设说明了在人工系统或人脑系统中智能和知识的存在。这一假设是信息加工心理学的理论基础，心理学家根据这一假设来建立关于心理活动或脑的机制的理论。这一假设正在经受理论和实验的检验。心理学的研究也扩展了计算机科学的研究范围。根据信息加工心理学的研究成果，可以设计计算机程序来模拟人的心理过程，特别是思维、问题解决等高级心理活动。认知心理学和计算机科学的结合，产生了人工智能的新学科。由于赫伯特·西蒙在这方面的开拓性研究，因而被认为是认知心理学和人工智能的创始人之一。

认知心理学在20世纪80年代初被介绍到中国来。1983年春天，赫伯特·西蒙教授应中国科学院的邀请，到中国科学院心理研究所进行科研合作，其间他又在北京大学系统地讲授了认知心理学。全部讲座共30讲，历时3个月。北京和外地的心理学、哲学、计算机等专业的科学工作者和研究生参加了听讲和讨论。在这次讲演中，赫伯特·西蒙教授从理论上讲解了认知科学的基本观点，介绍了一些实际应用的问题，阐述了科学理论的层次和规律、物理符号系统、满意的原则等理论问题，还介绍了EPAM程序、启发式搜索、产生式系统、手段-目的分析、口语记录分析等。在最后阶段，他又讨论了语义丰富领域的高级思维过程，如表征、概念的获得、问题解决等，并特别讲了人工智能研究中的进展、关于创造发明的研究以及计算机进行创造发明的可能性。赫伯特·西蒙教授所讲的许多内容是在别处没有发表过的，我们把这个讲座的内容整理成书，以介绍给更多的中国读者。

赫伯特·西蒙教授是中国学术界的老朋友，他一向致力于中美友好和促进中美学术交流。他是美中学术交流委员会的主席。1972 年以来，他作为美国计算机科学代表团、美国心理学代表团的成员，以及应中国科学院的特邀，先后十次来我国访问。他多次对中国心理学界、计算机科学界、管理科学界演讲，与同行进行接触并交流学术思想，已为大家所熟悉。

赫伯特·西蒙教授曾荣获 1978 年诺贝尔经济学奖，他的贡献是对经济组织内的决策程序进行了开创性的研究，他的思想已成为现代企业经济学和管理学研究的基础。决策理论是应用了运筹学、统计分析和计算机程序，吸收了社会学和心理学等行为科学的思想而发展起来的。赫伯特·西蒙还荣获了 1975 年图灵奖。图灵（Alan Turing）是英国著名数学家，他以首先设想人工智能计算机而闻名于世。赫伯特·西蒙获得此奖是由于他把心理学、计算机科学和决策理论结合起来，开创人工智能研究，取得了卓越成就。赫伯特·西蒙还获得了美国心理学会杰出贡献奖和美国总统科学奖。赫伯特·西蒙除 1943 年获得芝加哥大学政治学博士学位外，还在世界各地多所大学获得了名誉博士学位。赫伯特·西蒙教授在美国卡内基-梅隆大学心理学和计算机科学任教多年。1985 年中国科学院心理研究所授予他名誉研究员称号。他是天津大学、中国科学院管理学院的名誉教授。他还是大约 20 个科学学会的会员。从赫伯特·西蒙的经历不难看出他渊博的知识背景，以及在当代极为活跃的边缘科学前沿的创造性贡献。正是出于这个原因，人们把他誉为当代最著名的博学家。

本书虽然是讲认知心理学的，但所涉及的知识面极广，包括科学哲学、一般自然科学、计算机科学等。赫伯特·西蒙教授在北京大学讲演时由我们担任口译，后来我们将之整理成书，书稿最后由赫伯特·西蒙教授亲自审定。即便这样，由于我们知识水平的限制，译稿必有一些错误，甚至会有未能正确表达作者原意的地方，希望读者给予指正。在编译过程中得到北京师范大学部分同志的帮助，赫伯特·西蒙教授审稿时得到了张国骏同志的帮助，特在此致谢。我们相信，这本书的出版，将使中国广大读者得到裨益。

荆其诚　张厚粲

目　　录

第一章　绪　论 / 1

科学理论的层次和规律 / 3

心理学的派别 / 7

认知心理学的任务和方法 / 10

物理符号系统 / 15

人类智能的计算机模拟 / 19

第二章　人类认知系统的结构 / 23

人脑的基本机能 / 25

注意分配机制 / 30

EPAM 系统 / 38

系列加工与平行加工 / 47

遗 忘 / 51

第三章　问题解决 / 55

产生式系统 / 57

联 想 / 62

问题空间 / 65

问题解决的途径 / 69

问题解决的策略 / 86

问题解决策略的产生式系统 / 98

第四章　口语记录分析 / 105

口语记录与内省 / 107

口语报告的用途 / 109

口语记录的分析技术 / 118

附录Ⅰ　解决河内塔问题的口语记录示例 / 126

附录Ⅱ　解决物理问题的口语记录示例 / 138

第五章　语义丰富领域 / 141

专家的知识 / 143

专家的直觉 / 154

心理表征的作用 / 158

物理直觉问题 / 173

对问题的理解 / 192

问题同型 / 197
结构不合理的问题 / 203

第六章　学　习 / 211
学习的基本原理和分类 / 213
学习过程 / 217

第七章　概念的形成 / 225
概念的归纳 / 227
顺序模式 / 234
归纳推理和演绎推理 / 242

第八章　发现过程 / 249
材料驱动归纳 / 252
理论驱动归纳 / 257

结束语 / 264
致　谢 / 273
参考文献和计量单位换算表 / 274

第一章
绪　论

心理活动的最高级层次是思维策略，下面一级是初级信息加工过程，最下层是生理过程，即中枢神经系统、神经元和大脑的活动。计算机的最上层是计算机程序，下面两层是计算机语言和计算机硬件。

科学理论可以分为不同的层次、不同的水平，心理学的理论也是这样。心理学有不同的派别，认知心理学与这些派别都有关系。在本章里我们先谈心理学的理论与派别，再谈心理学的规律和个别差异，以及用哪些规律把个别差异概括起来，最后谈谈学习的规律。

认知心理学的主要目的和兴趣在于解释人类的复杂行为。概念的形成、问题的解决以及语言等都是人类的复杂行为。人们要研究这些现象，总是先从研究简单的开始，进而研究复杂的。过去，巴甫洛夫（I. P. Pavlov）和华生（J. B. Watson）就是以反射为基础来研究复杂行为的。从简单走向复杂的研究方法是合理的研究方法，但不是唯一的方法。认知心理学是以远比简单条件反射复杂得多的方法去研究人类行为的。

科学理论的层次和规律

心理学可以像物理学那样，从不同的水平研究人类的行为。物理学有不同的层次，例如，对一个杯子，物体力学可以研究它的原子结构，也可以研究它与其他物体的相互关系，还可以研究它的离子运动。我们不必等待原子结构问题解决之后再去研究整个物体力学；要研究一个杯子的下落，也不必同时去研究构成杯子的原子结构。在心理学中也有同样的情况，不一定非要对神经元、神经突触有清楚的了解才能提出生理学理论，也不一定非要有生理学理论才能着手研究人类的高级复杂行为。在其他科学领域也是如此，例如电子计算机的研究，不一定要对硬件有清楚的了解才能研究软件，计算机程序该如何编写是可以单独进行研究的。这并不是说理论水平之间没有相互关系，而是说可以从不同水平去研究，在研究中考虑它们之间的相互关系。自然界的规律都有不同的层次，所以科学研究也可以从不同的层次进行探讨，既可以从高级水平着手，也可以从低级水平着手。

这种不同层次的研究方法如何应用到心理学中，又怎样指导心理学的研究呢？心理学的研究有三种不同的途径，也就是有三种不同的层次和水平。第一级水平是研究复杂行为，例如研究问题解决、概念形成和语言现象。第二级水平是研究简单的信息加工过程，例如对光点的感觉、图形知觉的形成等都是简单的信息加工。研究简单信息加工过程以反应时间、干扰时间为指标。第三级水平是生理水平，例如对中枢神经过程、神经结构的研究。这个领域很活跃，进展较快。当心理学研究越来越深入的时候，对这三种现象都有所了解，对它们之间的关系也就有了较深的认识。像化学一样，随着化学的发展，对复杂的化学反应与低级的物理过程的关系就有了进一步了解。在当前的心理学研究中，对复杂行为和简单信息加工的关系研究得比较多，对它们的生理过程也有所揭露，例如对汉字的识别及其神经生理过程，现在也都有了一定的认识。

心理学在20世纪的发展过程中，大多数研究者的工作长期集中于第二级水平，即简单信息加工过程的研究。实验心理学对这个领域作出了贡献。最近几十年来，在第一级复杂水平和第三级生理水平上的研究没有多大进展。如果考查一下这三级水平之间的关系，即复杂行为和简单信息加工的关系、简单信息加工过程和生理过程的关系，就会发现，它们都是以较低级的水平为基础的。最近我们已经能够初步说明复杂行为是怎样通过简单信息加工进行的，但对简单信息加工过程与生理过程的关系还说不清楚。尽管简单信息加工的研究有了很大的成绩，但对简单信息加工过程的生理机制却了解得甚少。在计算机科学领域内，计算机能够按照程序完成复杂任务，它包括两个水平：一个水平是用计算机语言编写程序，这是计算机软件；另一个水平是计算机硬件，即它本身的电子结构和物理构造。我们在计算机研究领域里可以离开硬件而相对独立地研究软件，这方面的研究在最近几十年已有很大发展。不同程序和语言可以应用到不同的硬件上去。总之，这些都说明自然界的规律有不同的层次，人们可以从不同的层次去进行科学研究。

在物理学这门很成熟的学科里，有牛顿的万有引力定律，这种定律是定量的分析，很有说服力。我们曾设想心理学要有这种规律才能成为真正的科学。但这种观点比较狭隘，而且不切实际。其他科学领域的规律也不一定都是定量的分析。化学、分子生物学甚至物理学的一些规律就属于定性结构的规律。例如帕斯特的“疾病是由病菌造成的”这个规律并不是一个定量的规律，而且这个规律也不是很精确——有些疾病并不是由病菌引起的，为什么人们还要承认这个规律是基本规律呢？因为它对人们寻找疾病产生的原因起到了指导性的作用，推动了医学的发展。又如，地球物体的相互摩擦运动也是定性理论，它能指导地质学家去寻找地质现象的原因，像陆地从海里出现，山脉的形成等等。这种定性理论推动了地球物理学的发展。目前，心理学所提出的一些一般化的定理还不能给出精确的定性描述，不属于定性结构的规律，所以心理学的规律只具有有限的合理性。例如“人类在问题解决过程中受着短时记忆的限制，受到计算能力的限制”这个理论并不那么精确，正像“疾病是由病菌造成的”不那么精确一样。但它可以引导我们去分析问题，也具有一定的指导作用。

在心理学中发现规律是很困难的，这主要是由于研究对象本身的复杂性，而不是由于缺乏某种仪器设备。其中一个困难，是我们所研究的人类机体总处于一定的环境之中，而且适应性又很强，人的行为既决定于机体本身，同时又是适应环境的结果。所以我们只描述机体本身是不够的，还需要研究机体与周围环境的关系。另一个困难，是同一个人在同样的环境中可以有不同的反应，即个别差异，这就造成了研究结果的不确定性。假若我们以考虑人类的一般行为为目的，设法忽略个别差异，那么我们会发现人类行为还是有明显的一般规律的，而且人与人之间的差别也不是很大。

心理学的派别

最近几十年来，对复杂行为进行研究的理论主要有三个派别：新行为主义、格式塔心理学派和信息加工学派。这三个学派是从不同的方面研究行为的。

当一门科学发展到成熟阶段时，它对某一个问题的解释就不再会存在对立的派别，而会有一个一致的看法。例如，物理学就没有伽利略物理学、牛顿物理学和爱因斯坦物理学之分。心理学应当摆脱哲学的争论，对某一现象可以用不同的观点去解释，只要能解释清楚就是合理的。目前心理学已经发展到这样一个阶段，对问题不是在哲学的范畴内争辩了，而是通过一些大家都可以接受的实验加以证实。这对心理学的前进是很重要的。正如在物理学中一个一个新问题被提出来，但这些问题的提出并不影响整个物理学体系的改变。现在的信息加工心理学既吸收了行为主义的看法，也吸收了格式塔学派的看法，其目的就是要解释人的复杂行为。

各派心理学都想更好地认识人类机体是如何活动的，它们之间的主要差别是在方法学上强调的重点不一致。行为主义强调客观的实验方法，要求对实验严格加以控制，它的方法是操作主义的，也就是说其结果能被别人重复。行为主义把复杂的心理现象化为各个简单的部分，并研究比较简单的初级的现象，也就是所谓的还原主义。行为主义心理学和认知心理学之间虽然有很大差别，但二者仍有共通之处。认知心理学也认为复杂的现象总要分解成最基本的部分才能进行研究。行为主义提出了 S-R 的公式，而不谈刺激和反应之间发生的过程，即不谈大脑中的活动。例如斯金纳（B. F. Skinner）就反对讨论意识问题。但是，行为主义也认为不能完全用刺激-反应的关系去解释行为，需要考虑被试过去的经验。对于一道乘法算术题，如果你不知道被试过去是否做过这类题目，那么你就不能预料他对这道题目会作出什么反应。因此，行为主义必须承认，刺激和过去的经验这两方面共同决定产生什么反应。信息加工心理学认为，当给被试刺激时，他要依靠头脑中的经验才能决定作出什么反应。所谓经验，包括机体的状态和记忆存储的内容。

因此，刺激和被试当前心理状态这二者共同决定着被试作出什么反应（见图 1－1）。这正如要知道行星的运行轨迹，就必须知道行星当前的运动状态和外界的作用力这两个方面一样。

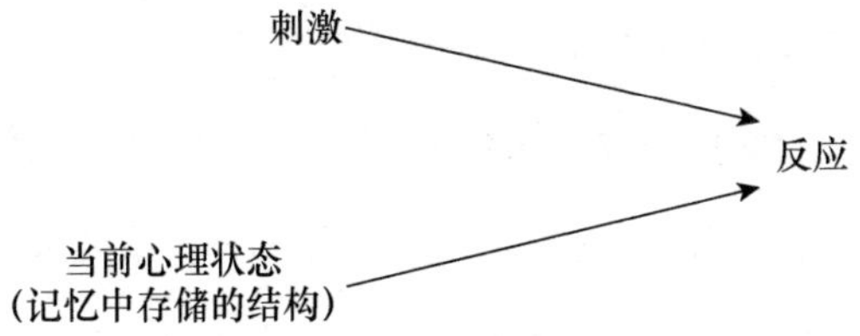

图 1－1 决定反应的因素

格式塔心理学则强调研究复杂的心理现象，而这些现象有时是很难用客观的术语和客观的方法加以描述的。考夫卡（K. Koffka）、科勒（W. Köhler）等格式塔心理学家认为在问题解决的复杂过程中，不要只靠简单的尝试错误，而且还要通过顿悟。格式塔心理学区分完好图形和不完好图形。所谓完好图形，就是一些很简单的、对称的，而且容易认出来的图形，但格式塔心理学对此并没有一个很精确的定义。格式塔心理学认为知觉的基本规律是机体生来就有的，并不受经验的影响。格式塔心理学也不同意把复杂现象分解为刺激–反应之间的关系。认知心理学与格式塔心理学一样，目标是要解决复杂行为的问题。例如，在解释顿悟中的理解过程时，我们承认格式塔"完好图形"的概念，同时又试图把这个"完好图形"分解为最基本的过程，以了解"完好"究竟指的是什么。又例如，格式塔心理学认为学习有机械学习和理解学习之分，而机械学习和理解学习是不被行为主义所强调的。信息加工心理学则认为机械学习和理解学习很重要，应该研究二者的具体过程到底是什么，它们的区别又是什么。

总之，认知心理学是用信息加工过程来解释人的复杂行为的，它吸收了行为主义和格式塔心理学的有益成果。这一心理学是在前人的基础上进行研究的，并不是完全无视前人的工作一切重新开始。

认知心理学的任务和方法

我们看到，心理学问题可以从不同途径进行研究，心理活动也可以分为不同层次。心理活动的不同层次的关系可以和计算机相比。心理活动的最高级层次是思维策略，下面一级是初级信息加工过程，最下层是生理过程，即中枢神经系统、神经元和大脑的活动。计算机的最上层是计算机程序，下面两层是计算机语言和计算机硬件。人类认知活动和计算机的对应关系如图 1－2 所示。

认知心理学主要研究高级层次的思维策略和初级信息加工过程的关系。我们可以用计算机程序模拟人的策略水平，用计

人 类	计 算 机
思维策略	计算机程序
↑	↑
初级信息加工过程	计算机语言
↑	↑
生理过程 （中枢神经系统、神经元、大脑的活动）	计算机硬件

图1-2 人类认知活动和计算机的比较

算机语言模拟人的初级信息加工过程。

在自然科学中常用数学方程式来描述一些现象。若以时间（T）作为变量，认知操作 x 的变化即等于当时机体的状态（S）和外界刺激（R）的函数。S 指的是机体的生理心理状态，大脑里的记忆存储等。当外界刺激作用于处于某种特定状态的机体时便产生结果，发生变化，即：

$$T \rightarrow T+I$$

$$\Delta x = f(S,R)$$

计算机的工作原理也是一样的，在规定的时间里，计算机存储的记忆相当于机体的状态；计算机的输入相当于给机体施加的某种刺激。当给计算机某种输入时，计算机便进行操作（operation)，其内部发生变化，从而得到结果。计算机的操作过程可以看作是每一个单位时间内其状态的变化，我们可以从不同层次来研究这样一个系统。可以用心理学的一个简单例子来说明这个过程。

要被试把一系列数字加起来，心理学常用的方法是观察被试给出什么答案、在多少时间内得到结果。心理学中大量研究应用类似的方法得到关于被试的情况。但是，使用这种传统方法只能得到很少的信息——结果和时间。事实上，在被试的演算过程中所发生的不仅仅是这两件事，机体的状态就产生了很多变化。如果我们想了解被试在这段时间内更多的情况，如他进行了哪些活动、过程如何等，可以用口语记录的办法。

口语记录法就是让被试在做题时说出头脑内进行的一切活动，予以记录，然后进行分析。例如，让被试做加法时，记下他的口述，7＋8＝15，15＋3＝18 等等。当被试计算的项目越来越多，如算 7＋7＋3＋8＝？时，用口语记录法就可以知道有些被试使用了累加法，而另外一些被试则可能注意到了另外一个策略，他先做 7＋3＝10，7＋8＝15，再做 10＋15＝25。

用口语记录法对任何随时间变化的动力系统都能得到较高密度的信息。目前对脑的活动虽然可以进行电记录，但是却无法把脑的电活动所代表的心理内容翻译出来。在人类还没有办法做到记录脑内每时每刻的所有变化时，用口语记录法是可以得到较丰富的信息的。格式塔学派采用过口语记录法，以后被行为主义否定了。录音机的出现，为精确地记录和分析被试的口语报告提供了新的手段。认知心理学从新的角度利用了口语记录法，使心理学的研究水平大大提高了一步，能够研究人类的初级信息加工过程、思维策略以及它们之间的相互关系了。运用口语记录法研究解决河内塔（Hanoi Tower）课题的过程就是一个实例。

河内塔是在一块木板上有几根立柱，另有几个圆木盘，按大小顺序串在一根立柱上，形成梯形。要求被试一块一块地挪动木盘，把整个塔由 A 立柱移到 C 立柱上。中间一个立柱可以临时放置木盘，每次移动都不允许大盘在小盘的上面。我们可以一般地了解，也可以详细地了解被试是如何完成这个任务的。例如我们可以观察被试每次移动哪个木盘，一共移动了多少次等。总的来说，被试为了把这个四层的塔由位置 A 移到位置 C，他首先要把上面三块木盘挪到位置 B，再把下面最大的一块木盘挪到位置 C。此后再用相似的方法逐步地把中间几块也挪到 C 上。这是对被试做法的总的描述。但是这个一般的观察不能告诉我们他的具体心理活动是什么，因为每一个人在完成这个任务时都需要采取同样的步骤。

如果我们要了解这个被试是怎样作出下一步该如何走的决定的，还需要有更多的信息。为了获得这样的信息，我们可以让被试在做每一个动作时大声说出他是怎样想的。如被试说："我想把底下的大盘挪到右边去，可是有三个木盘挡住了，过不去。"这样一说，我们就能了解到他所采取的策略，同时也多少了解到一些他的初级信息加工过程。当他说“我想把底下的大盘挪到右边去”时，我们就知道他头脑里已经提出了一些任务和目标，包括大的目标及一些次要的小目标。当他再说“有三个木盘挡住了”时，我们就注意到被试是看到了上边三个木盘与下边大木盘的相互关系，而且也知道了上边的对下边的起着阻挡作用，以及当时的难题所在。

从这个题目中我们可以看到，被试已经完成了一些初级的信息加工过程。这里包括知觉过程，他知觉到当时情景的一些相互关系，作了一些比较，即上边的木盘小，下边的木盘大。为了最终解决这个课题，他还需要用这些知识去和完成这个课题所规定的条件进行比较。通过比较，他认识到不能先将小的挪到C上。只能先将它们挪到B上，才能再把大的挪过去。

认知心理学的目的就是要说明和解释人在完成认知活动时是如何进行信息加工的，如他知觉到物体的哪些特征，看到了事物间的什么关系；外界信息是怎样存储在头脑中的；他在解决课题时利用了哪些信息，采取了什么样的思维策略等。

认知心理学研究的另外一个重要课题是学习问题。人在活动过程中，机体本身会发生一定的变化，这些变化使他在以后的活动中能更快、更灵活地完成某种作业，并且不经练习也能完成其他同类的作业，这就是学习。学习问题在心理学中始终占有非常重要的地位。从历史上看，心理学的研究差不多有一半是关于学习的。这有几方面的原因，第一，心理学起源于哲学，认识论是哲学的根本问题之一，认识论要说明外界信息是怎样存放在脑内的，实际上这就是学习问题。第二，学习与教育密切相关，社会需要科学的学习理论，以便于建立合理的教育制度，因而学习问题自然就会引起人类极大的关注。历史上曾出现过一种原始的学习理论，认为教师的讲话就像细菌一样会传染给学生，使学生学到东西。这个理论现在看来当然是荒唐的。现在已经有了比较科学的学习理论，它对社会能起到有益的作用。第三，人类的学习活动是那么广泛，它贯穿于人的一切活动领域中，而学习者之间的差别又是那么大，人们总希望能从差异之中找到学习的一般规律，以指导教育实践。

物理符号系统

我们把人看成一个信息加工系统。信息加工系统也叫“符号操作系统”(symbol operation system)，更常称作“物理符号系统”(physical symbol system)。用“物理符号系统”主要是强调所研究的对象是一个具体的物质系统，如计算机的构造系统、人的神经系统、大脑的神经元等。所谓符号就是模式(pattern)，任何一个模式，只要它能和其他模式相区别，它就是一个符号。不同的英文字母就是不同的符号。一页书上有许多不同的符号，也有重复出现的相同的符号。对符号进行操作就是对符号进行比较，即找出哪几个是相同的符号，哪几个是不同的符号。物理符号系统的基本任务和功能就是辨认相同的符号和区分不同的符号。为此，这个系统就必须能辨别不同的符号之间的物理差别，如光波和声波的差别。人的眼睛无论在物理光学上或在知觉上，都能认出“心理学”和“心电图”两个词中的“心”字，虽然这两个“心”字严格说来并不完全一样。人类机体能够学会认识同类的符号和区分不同类的符号是一个很大的成就。纸页上书写的文字符号是物理的符号，即用物质的铅笔写在物质的纸上的符号。符号既可以是物理的符号，也可以是头脑中的抽象的符号，也可以是计算机中的电子运动模式，还可以是头脑中神经元的某种运动方式。纸上的文字是物理符号系统，但这是一个不完善的物理符号系统，因为它的功能只能是存储符号，即把字保留在纸上。一个完善的符号系统还应该有更多的功能，归纳起来有下列六种：

（1）输入符号（input）：纸、铅笔加上手的运动，可以给白纸输入符号。

（2）输出符号（output）：纸本身并不能输出符号，但我们的眼睛可以使之输出。当我们阅读时，文字符号就从纸上输出而进入眼睛了。

（3）存储符号（store）。

（4）复制符号（copy）：认出“心理学”三个字，并把这三个字复制出来，存储在某个地方就是复制符号。

（5）建立符号结构（build symbol structure）：通过找到各种符号之间的关系，在符号系统中形成符号结构。

（6）条件性迁移（conditional transfer）：依赖已掌握的符号而继续完成行为。如果在记忆中已经有了一定的符号系统，再加上外界的输入，就可以继续完成这个活动过程。

如果一个物理符号系统能够完成上述全部六个过程，它就是一个完整的物理符号系统。人能够输入符号，如用眼睛看，用耳朵听，用手触摸等；计算机也能输入符号，它是通过卡片打孔或用键盘打字输入的。人说话、写字、走路等动作都是输出；计算机的输出在显示器上显示出来，也可以打印出来。人类可以把输入保存在头脑里，叫作记忆。遗憾的是，我们只能假定记忆是神经元的作用，还不十分清楚其生理过程是什么。计算机可以用许多不同的方式存储信息，过去老式计算机用电子管和二极管，后来计算机用磁带上的磁场，或用其他方式存储信息。计算机的存储就是把模式存进去，并且长时间保存起来。以上是物理符号系统的输入、输出和存储三项功能。人可以通过自学接收信息，然后对符号进行不同的组合，得出新的关系。学生听教师讲课时，脑子里进行不同的活动，组成新的符号系统，这是第四项和第五项功能，即复制和建立新的结构。一个物理符号系统可以根据原来存储的信息加上当前的输入而进行一系列的活动，这就是条件性迁移。可以用一个很简单的例子来说明人类的条件性迁移。给被试一个只有四个指令的程序："迈开左脚"，"再迈开右脚"，"重复做"，"一直走到屋子的一端就停止"。条件性迁移有个假定：如果满足了某种条件，即如果有了条件 A，就去进行活动 B；如果没有条件 A，就不要进行活动 B。在上例中，告诉被试"向前走"，"继续向前走"，如果没有"走到屋子的一端就停止"的指令，被试就要撞到墙上。这里，"走到屋子的一端"就是条件 A，有了这个条件就引出来 B，即"停止"。计算机是能够完成这种所谓条件性迁移的。正因为它有这种本领，所以它就获得了很大很大的能量和灵活性，可以完成多种功能。事实上，无论是现代的大型计算机还是小型计算机，都具备物理符号系统的这六种功能。

我们现在可以提出一个叫作物理符号系统的假设（physical symbol system hypothesis）。这个假设简单说，就是任何一个系统，如果它能表现出智能的话，它就必能执行上述六种功能。反过来也可以说，任何系统，如果具有这六种功能，它就能表现出智能。我们这里所指的智能就是人类所具有的那种智能。人类能够观察、认识外界事物，接受智力测验，通过考试，料理生活中的事情等等，这些都是人的智能的表现。

物理符号系统的假设伴随着三个附带的推论，或称附带的条件。第一个推论是，既然人具有智能，它就一定是个物理符号系统。我们认为，人之所以能够表现出智能，就是基于他的信息加工过程。第二个推论是，既然计算机是一个物理符号系统，它就一定能表现出智能，这是人工智能的基本条件。第三个推论是，既然人是一个物理符号系统，计算机也是一个物理符号系统，那么我们就能用计算机来模拟人的活动。当然，第三个推论不一定是第一个、第二个推论推导出来的必然结果。因为人是物理符号系统，具有智能，计算机也是一个物理符号系统，也具有智能，但它们可以以不同的方式、不同的原理进行活动，所以计算机并不一定都是模拟人的活动。在计算机上可以编制出复杂的程序来解一些方程式，进行复杂的运算，然而计算机的这种运算过程未必就是人类思维的过程。但是，我们却可以按照人类思维操作的过程来编制计算机程序。这项工作就是人工智能研究的内容。如果做到了这一点，我们就可以用计算机在形式上来描述人的活动过程，或者建立一个理论来说明人的活动过程。

人类智能的计算机模拟

过去，心理学曾试图用经典数学来建立心理活动的数学模型，但不是很成功。然而，在物理学或其他学科，却成功地运用经典数学模型解决了一些理论上的问题。在心理学方面不太成功的原因，可能是由于数学所用的语言不适合研究人类对象。如果要用经典数学来建立某一学科理论，首先就必须把这个学科的对象和过程转化成数字。但是人类的许多智能活动很难用数字来表达，所以建立关于人的智能活动的数学模型是困难的。值得注意的是，计算机程序语言的形式比经典数学的形式更能表示和描述人的心理现象。

最早的计算机的发明设计，是为了解决比较复杂的大量的计算问题。但是计算机的操作本身却不是数字的演算。它的内部实际上是由电磁场、电磁的网络和模式构成的。当用计算机演算数学题时，这些磁场和模式就表示出数字来。当用计算机完成其他任务时，电磁场模式又可以代表其他任何符号，如英文字母或汉字。实际上计算机和人都进行着相同的过程，人的语言是一些词或符号的相互联系。

物理符号系统假设的第一个推论告诉我们，人有智能，所以他是一个物理符号系统。第三个推论告诉我们，可以去编写计算机程序模拟人类的心理活动。这就是说，人和计算机这两个物理符号系统所使用的符号是相同的，因而计算机可以模拟人类的心理过程。这个物理符号系统是一个假设，如果我们通过经验的方法能够加以证实，它就是正确的；如果这个假设与我们的经验相矛盾，那么它就是错误的。

人们一般都把人类的智能看作是非常复杂，甚至是神秘的东西。在计算机出现以前，即20世纪四五十年代以前，如果有人提出，只要某一系统具有上述的六种功能，它就有智能，而且这六种简单的基本过程可以用来解释人的复杂活动，那将是令人吃惊的事。但是，科学总是把复杂的现象转化为基本的过程、基本的规律。现在，认知心理学所做的，也就是试图用物理符号系统假设中的基本规律来解释人类复杂的行为现象。物理符号系统假设提出后，大量的经验材料都支持了这个假设和它的三个附带推论。其中第二个和第三个推论尤其获得了有力的证据。我们已经能够在一个物理符号系统里放上一个程序，这个程序包括指导这个系统本身的过程，然后当给这个系统一定的任务时，这个系统就会产生行为；我们还能够编写程序来模拟人类的智能。只是对于第一个推论，即人类的智能是一个物理符号系统，证据还不那么明确，也不很直接。因为我们不能打开人的脑壳，看看里边到底发生着什么过程；我们只能从外表来观察行为，然后去推测脑子里发生了什么。或者说，从行为去推导在脑子里通过什么程序造成了这种行为。

我们通过观察行为去推论程序是怎样的，即从结果去推论它的原因，这在科学上叫归纳法。哲学家都清楚归纳法有一个问题，就是从观察到的行为并不能准确地推论出它的程序是什么，因为有时不同的程序也可以导出同样的行为结果。牛顿定律有充分的理由说明天体运行的规律，可是我们不能知道牛顿定律是否天体运动产生的唯一原因。在接受牛顿定律几百年以后，现在人们认识到仅用牛顿定律去解释天体运行规律是不够的，而用相对论能够更好地解释行星的运行。认知心理学遇到的是同样的问题。我们想用信息加工过程（程序）去解释所观察到的行为，但是又不敢肯定这个程序就是造成行为的唯一原因。在这个问题上，我们可以看到一些比较成熟的科学，如物理学、化学、生物学等等，并不比心理学处于更有利的地位。

任何科学理论的最有力的支柱就是对观察到的事实能够给予解释。同时，任何科学理论也都必然会面临一种可能性，就是后来的人能够对这些事实给出更好的解释。心理学同其他学科一样，它的理论只能够接近真理，而不可能达到绝对真理。

第二章

人类认知系统的结构

人是通过搜索来解决问题的。人在解决问题时，一般并不去寻求最优的（optional）方法，而只要求找到一个满意的（satisfying）方法。人在解决问题时，具有可变的志向水平（aspiration level）。

人脑的基本机能

我们可以通过心理学实验来研究人的信息加工过程，从而了解人是怎样进行思维的。我们也可以从进化的角度来研究人是怎样获得信息加工能力的。人类在其几百万年进化的过程中，通过对外界环境的适应，逐渐具有了从外界获得新的信息进行非常有效的活动的能力。现在的问题是，我们怎样才能设计一个有效模拟人的认知活动的系统。这样一个系统必须满足下列四个条件，或者说这个系统必须具备下列四种功能。

模拟人类认知活动系统的必需条件

（1）这个系统必须是一个单线的、进行系列（serial）活动的系统，因为人只能同时想一件事、做一件事。人就是一个单线的系统。

（2）这个系统只能进行有限的计算。人用弓箭去射一个目标时，并不能同时列出箭行进的微分方程。

（3）这个系统必须能够发展多方面的需要。人在生活中有各种需要，不仅有衣、食、住、行等基本的需要，而且还有不断增加的新的物质需要，如自行车、手表等等。此外，人还有不断增长的精神和文化的需要。

（4）这个系统必须能够处理突然发生的、没有预料到的事件。

人脑的认知活动的机能

在人类的进化过程中，人脑发展了认知活动的三种机能，这三种机能使人能够完成上述四种功能。下面讨论人是怎样利用这三种机能来完成上述四种功能的。

1. 人是通过搜索来解决问题的。

所谓搜索就是提出策略并用其来解决面临的问题。由于搜索过程是串行的，而人的计算能力又是有限的，所以对解决办法只能一个一个地加以尝试。人类在搜索时并不能同时考虑到解决问题的各种可能性，并对各种可能性进行权衡比较。例如，解决围棋中的任务要比解决生活中的任务简单得多。然而，即使在围棋棋盘上，棋子分布模式的数量也是很大的，人们下围棋时进行搜索的可能性也是无限的。一个围棋棋盘是 19×19 个方格，为了便于计算，假定它是 20×20＝400 个点，每一个点又有三种可能的状态：黑棋子、白棋子或空点，这样总共就有 10^{190} 种可能性。这个数量比整个宇宙中分子种类的数量都要大，因此，在解决围棋这样简单的任务时，人也不可能同时考虑到各种可能性。一般情况下，人在进行活动时只是很简单地考虑一种或两种可能性，即利用一些生活中常用的启发式的规则(heuristics)。

再举一个比围棋更为简单的“数字排列游戏”的例子。画一个大方块，里面分成几个小方格，除一个空格外，每一格里都有一个数字（见图 2-1）。被试可以把任一方块里的数字移到空格里去，使之重新安排，最后达到某种指定的排列。在完成这样一个简单的任务时，在每一步上能够用以解决问题的方法也是大量的。人在解决问题时，不可能把各种可能性同时都考虑到，一般只采取一些启发式的规则来指导行动。在解决这一问题时，一种简单的办法就是先设法把 1 移到左上角，这样就得把左上角的数字先移到空格里去，才能把 1 移到左上角；然后把 2 移到第一行的中间去，这又得把这个格里的数字先移到空格里去；再使用同样的方法依次把 3 移到右上角，把 4 移到第二行左边的格子里……直至达到最后的目标状态。在解决这一问题的过程中，人在头脑里并没有考虑到各种可能性，而仅是运用了生活中行之有效的搜索法而已。

2. 人在解决问题时，一般并不去寻求最优的（optional）方法，而只要求找到一个满意的（satisfying）方法。

为什么只要求找到满意的而不一定是最优的解决方法呢?

7		2
6	3	5
1	4	8

起始状态

1	2	3
4	5	6
7	8	

目标状态

图 2-1　数字排列游戏

因为即使是解决最简单的问题，要想得到次数最少、效能最高的解决方法也是非常困难的。在上述数字排列游戏中，如果不要求用最少的动作来达到目的，而是允许用任何方法的话，那就很容易解决问题。寻找最优方法和满意方法之间的困难程度相差很大。英国的一个成语“草垛寻针”是用来形容一件事的困难程度的。假定有一个大草垛，里边有许多针，为了缝衣服上的纽扣，要从草垛里找出一枚最细最尖的针，那是要花费相当时间的。如果草垛大一倍，寻找的时间也要增加一倍。但是，如果不要求找出最细最尖的针，而只要求找到一枚能把扣子缝上的针就可以了，这时所采取的方法就是满意的方法。在这种情况下，搜索时间不以草垛的大小为转移，只取决于草垛中针的分布密度。人们在实际生活中解决问题就像从草垛里寻针一样，不能只认定某一种最优的方法。用满意方法解决问题要容易得多，它不依赖于问题的空间，不需要进行全部搜索，而只要能达到解决的程度就可以了。

3. 人在解决问题时，具有可变的志向水平（aspiration level）。

人的一个特点是可以调节满足需要的程度。人根据不同的情况，调节自己满足需要的幅度可以是很大的。他在非常困难的情况下，可把满足需要局限于基本的生存方面，如饱食、温暖；当情形不太困难时，人不仅想到要满足基本需要，还要更舒适一点；当舒适的需要满足了，又会有文娱、艺术等更高的需要。因此，在困难条件下认为是好的东西，在不太困难的条件下就认为是不够好的了。心理学家把这种满足需要的不同水平叫作志向水平。随着成功的程度不同，志向水平也会提高或降低：在困难条件下志向水平降低；在成功条件下志向水平提高。例如前面的数字排列游戏问题，第一次能把问题解决了就感到满意；但在第二次仍使用前一种方法就不一定满足了，而是希望能有更快、更好的解决方法。人的志向水平，即满足需要的程度，可以随外界条件的变化而自我调节。这一特点适用于每一个人的生活，也适用于人的社会活动。社会越发展，人的要求也就越高。当然，这并不是说每个人的需要都能得到满足。

除了人类认知活动的上述三种机能之外，所设计的认知系统还必须具备注意、记忆、运动等信息加工的结构。

注意分配机制

在人的生活中，每时每刻都有大量的符号进入感觉器官。这些符号中只有少数引起中枢神经系统的活动。人脑如果不能把大量的输入信息过滤掉，就不能进行加工。学生在课堂外面打球，并不影响教师讲课，因为人们有控制注意的能力，使注意集中到教师授课这一个目标上。我们同时注意的事情只能有一件，这件事往往是重要的事情。如果教室里突然出现了一只狗，学生会马上把注意集中到狗身上，而不再注意教师了。因此，优先选择的注意目标有时是预料不到的、突然出现的。为了把注意集中到没有预料到的目标上，必须有一个转移机制把正在感知的东西排除掉。因此，对于人这样一个系统，除了有单线加工特点，能通过有限的活动解决复杂的需要，能应付突然出现的事件外，还必须具备控制注意的机制。我们既要能对原先的重要的东西加以注意，也要能够把注意及时地转移到那些没有预料到的新出现的事件上去。

在日常生活中，中断注意的机制是很重要的，这种机制能把人的认识活动和满足其生理需要及其他需要联系起来，因为中断和转移注意的机制可以使人的各种需要互相发生竞争。中断注意和人的情绪有关。恐惧、愤怒这些情绪是在短时间内突然发生的，当我们处于这类情绪状态时，就很难注意其他的事情。生理学已经证明，情绪的唤起与皮层下的网状结构有关。注意中断的机制既涉及认知心理学，也涉及生理心理学。

记忆系统

人类信息加工系统的结构

人类信息加工系统的结构（见图 2－2）包括输入装置、输出装置、中间的记忆装置和围绕着它的控制结构。控制结构负责控制信息进入记忆和再从记忆中输出信息。

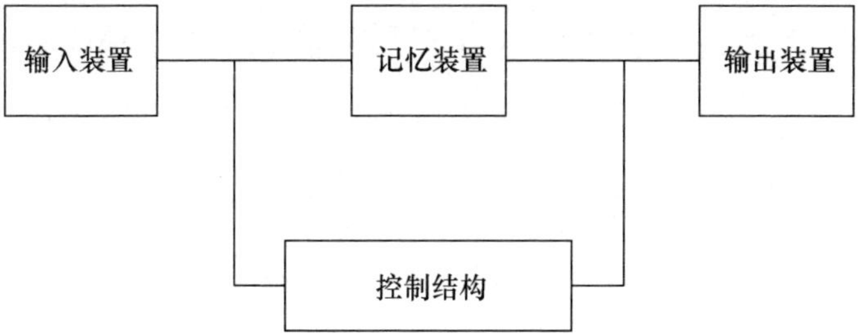

图 2－2　人类信息加工系统的结构

此外，人类具有各种不同的记忆，这可以用实验加以证明。根据这个信息加工结构，可以建立一个人类记忆的模型，还可以用这个模型在计算机上模拟人的记忆过程。人类记忆模型里首先是输入部分。视觉信息传入眼睛，然后进入记忆框架。

记忆分几个部分，一部分是识别记忆。识别即再认（recognition），认识记忆中已有的东西。当一个模式或图像被识别后，它就存储在短时记忆中。除了物体本身的信息被存入短时记忆外，还有另外一些信息进入短时记忆中，以帮助认识这个物体。例如，当你辨认一位朋友时，这个朋友的家庭、年龄和其他情况是原来已在长时记忆中保存着的，它们可以帮助你识别当前的刺激。用计算机术语来说，这些就是数据。此外，在记忆中还有程序。数据提供各种情况和资料，程序则组织和利用这些资料。程序也要先经过提取进入短时记忆，然后才能执行。除识别记忆外，长时记忆也起作用。长时记忆即原有的数据，识别时有的数据要输出来，没有传出的就在长时记忆中保存着，同时还会有新的数据存到长时记忆中去。实验证明，从视觉、听觉传入，到短时记忆识别出这个事物，其间还有一个小的记忆，即缓冲记忆。另外，输出前也有一个小的记忆，即动觉记忆。这是认知心理学家普遍承认的人类记忆的理论模型。

人类记忆的理论模型的实验依据

人类记忆的这个理论模型已由许多实验所证实。这些证据来自两个方面：一是生理学方面的，包括脑损伤和动物实验的证据；二是行为方面的，即心理学实验的证据。大量的实验证明，有短时记忆和长时记忆（识别、数据和程序）。例如，让白鼠学习5～10分钟后再给一个强的电刺激，它已学会的东西就全部忘掉了。这是因为学会的东西是存储在短时记忆内的。如果一个小时后再给电击，就不会影响记忆，因为这时信息已输入到长时记忆了。人的记忆更为复杂，但从生理方面看，仍有短时和长时两种记忆。人的脑部受损伤，如果是前额叶受损伤，对短时记忆就有影响，而颞叶（特别是左颞叶）损伤时，长时记忆就会受到影响。

心理学家有关行为的几个重要实验也证明有两种记忆的存在。

1. 即时回忆实验。

主试用口述或视觉的方式先后给被试呈现一系列符号，每个符号不超过半秒钟，如：

0　1　0　0　1　0　1　1　0　0　1　0

呈现后马上让被试复述这些刺激。全部回忆这12个符号是比较困难的。实验结果表明，人的短时记忆不能记住12个项目。1956年米勒（G. A. Miller）提出人的短时记忆容量是7±2。实际上，人能记住的数量还要少些。米勒发现，如果用二进制的办法就能记住这一系列符号，方法是把这 12 个项目重新编码，分成 3 个一组，就能记住它们。可见，人的记忆广度不在于信息数量的多少，而在于编码的方式。

根据信息论的观点，信息要用比特（bit）来测量，上述数字系列包括 12 个比特。而用十进制的 0～7 编码时，每个数字都能表现 3 个比特（见表 2－1）。

表 2－1　　　　二进制与十进制数字转换表

二进制	000	001	010	011	100	101	110	111
十进制	0	1	2	3	4	5	6	7

上述 12 个符号就可编成“2262”4 个数字，每一个数字包括 3 个比特。当记“2262”这 4 个数字时，实际上就记住了 12 个比特的信息。可以看到，用比特作单位时，这一系列数字包含着 12 个比特，但人们的短时记忆容纳不下 12 个比特；如果用十进制数字作单位，这一系列符号可以看作为“2262”这 4 个数字，这 4 个数字自然就很容易记住了。因此，比特不是测量记忆信息量的基本单位，应该有一个新的单位。

米勒提出，测量短时记忆的最小单位为“组块”（chunk）。“2”这个数字就是一个组块。上例的数字系列是 12 个组块，如果用二进制，可以说是 4 个组块。在即时回忆实验中，如果给一系列没有联系的字母，被试只能记四五个字母；如果给的是英文单词，回忆出来的可能是四五个单词；如果给的是短语，比如要求记住像“中华人民共和国”这样的短语，能即时回忆的是四五条短语。可见，组块是人们熟悉的一个单元。对讲英语的人来说，当字母孤立出现时，每一个字母都是一个熟悉的单元；当一个一个的字母组成词时，每个词也是一个熟悉的单元；短语也是如此。人的短时记忆容量是 4 个组块。如果无联系的汉字独立地出现，可能记住 4 个汉字；如果两个字组成一个词，如“朋友”“老师”等，能记住 4 个组块（4 个词），也即 8 个字；对于由 4 个汉字组成的词组，如“万里长城”“良师益友”等，4 个组块就是 16 个汉字。根据即时回忆实验可以提出这样一个假定：人有短时记忆能力，在很短时间内就能记住少量的东西。短时记忆的识记速度快，但容量小，只有 4 个组块。长时记忆的识记速度慢，但记忆容量却是无限的。

2. 延缓回忆实验。

彼得森和彼得森（L. R. Peterson and M. J. Peterson）设计了延缓回忆实验，在呈现刺激后的很短一段时间内，给被试另外一个记忆任务，例如在呈现一系列字母后的 30 秒内，让被试从一个数每次减 3 倒着背数，那么，短时记忆内的一部分内容就消失了。一般情况下，当呈现刺激与回忆之间有干扰时，人只能回忆一两个组块。

3. 斯波灵（G. Sperling）的实验。

斯波灵的实验证明，在输入到短时记忆之间还有一个缓冲记忆阶段。实验用视觉显示方法，给被试呈现 3 行字母，每行 4 个，共 12 个字母。它们之间没有意义联系。根据即时回忆实验，一般人只能记住四五个字母。斯波灵实验呈现全部 12 个字母 50 毫秒，50 毫秒结束时，出现高、中、低三个声音中的一个。要求被试听到高音时回忆第一行字母；听到中音时回忆第二行字母；听到低音时回忆第三行字母。实验发现，如果从视觉呈现停止到出现声音之间有 25～50 毫秒的间隔，无论给哪种声音刺激，被试都能正确回忆出要求他回忆的字母。若视觉呈现后 100 毫秒才出现声音，被试就不能按要求作出正确的回忆。这说明在视觉刺激呈现后，至少在 20～50 毫秒的时间内，所有看到的 12 个字母都在记忆中保存着。听觉实验也有类似结果。对口头说出的声音刺激，在短时间（2～3 秒）内，被试能够记住很多内容。因此，我们认为在输入（呈现刺激）和短时记住之间还有一个小的记忆，它的范围比短时记忆更广。这个记忆阶段叫作缓冲记忆。

4. 机械言语学习实验。

这类实验包括系列回忆和对偶联想回忆两种形式，它们的结果是一致的。在系列回忆实验中，给被试呈现一系列不相联系的项目，要求被试按顺序回忆这一系列刺激。在对偶联想实验中，呈现一系列对偶的刺激，即每次先呈现一个刺激项目，再呈现一个反应项目。在此之后，当呈现这个刺激项目时，要求被试回忆出相应的反应项目来。这就像学外语单词一样，“cat—猫”是一对对偶，当被试看到“cat”时，他就要回答“猫”。

系列回忆是艾宾浩斯 100 年前所做的实验。过去，心理学家只考虑念多少遍才能记住，而不考虑需多少时间学会。现在已经知道，记一个词需要 8 秒。记 CMMAFQ 这 6 个字母就需要 48 秒。在艾宾浩斯最早的实验中，学会刺激词与反应词之间的联系也需近 8 秒的时间。如果每次呈现间隔为 2 秒，需要 4 遍才能记住，即仍需 8 秒；如果呈现得再慢一点，第一个词和第二个词之间的间隔为 4 秒，只需两遍就能记住。总之，不管呈现的方式如何，学会一个刺激词和反应词之间的联系总是需要 8 秒的时间。虽然只有 8 秒，实际上在头脑中所进行的保持过程却是很复杂的。

在实验中，每个项目就是一个组块，各组块之间是没有联系的。对会英文的人来说，CAT 作为一个词可能就是一个组块。如果所用的字母并不组成词，那么学会它的时间就不止 8 秒，而会更长些。因为 8 秒是指学习第一个组块和第二个组块联系的时间。但是，要学习 KAZ 和 CEF 之间的关系，还要记住 KAZ 这三个字母之间和 CEF 这三个字母之间的关系。这样，所要记忆的就成了 6 个项目，需要 48 秒了。若要记忆 KAZ 和 CEF 这样的 6 个项目，因为它们都是由没有联系的字母组成的，所需时间就应是 3×6×8=144（秒）。

另外要提到的是意义性效应，即项目的意义对记忆的影响。学习有意义的符号比学习无意义的符号要快得多。研究发现，学习无意义音节（如 KAZ）所用的时间是学习有意义音节（如 CAP）时间的两倍半。

短时记忆和长时记忆这两种记忆系统的特点可以概括为表 2-2。

表 2-2　　短时记忆和长时记忆的特点

	短时记忆	长时记忆
记忆容量	4、5 个组块	∞
存储时间	1/2 秒	8 秒/组块
记忆的恢复	150 毫秒	第一个组块 2 秒， 以后每个组块 200 毫秒
久暂性	直到再有一个刺激出现，复述可使短时记忆保持更长	∞

EPAM 系统

费根鲍姆（E. A. Feigenbaum）在他的博士论文中提出了一个“初级知觉和记忆程序”（elmentary perceiving and memory program），简称为 EPAM 程序。这个程序分为两步，第一步是操作，第二步是学习。EPAM 程序可以识别简单刺激，并建立简单的程序去学会如何辨别更复杂的刺激。这个程序是先把一个复杂的刺激分解成简单的单元，再通过对这些单元的分析比较来识别整个刺激，然后把识别的结果保存在短时记忆中。例如，要学会如何分辨 COT 和 CAT，程序就得对输入的刺激进行检查，看第二个字母是 O 还是 A。学习中文时，计算机要辨认一个字，它先要辨认出这个字的偏旁和部首是什么，是“讠”字旁还是“木”字旁；是“山”字头还是“穴”字头等。

人在识别一个对象时，也要利用记忆中保存的很多网络来进行多次检验。通过这样的辨别网络，人们可以认识许多东西。如果每次检验只是区别是和否两种情况，且有 10 层检验，那么就能分辨出 1 024 个项目；如果有 20 层检验，就能分辨出约 100 万（2^{20}）个项目。如果每次检验用 10 毫秒，那么，只用 200 毫秒就可辨别出 100 万个项目。这种假设有很大的可能性，人在很短的时间内就能辨别许多事物，而每一次检验又都是无意识进行的，速度很快。在开始学习做一件事时，可能是有意识的辨别，如一个人刚学认字，或科学家初次分辨动植物时都是有意识的。但熟悉了之后，就可以自动化、无意识地进行分辨了。另外，每次检验不一定都是二分的。有时一次检验可以有许多分支，例如在辨别一个字的偏旁时，就可以检验它是“讠”字旁、“氵”（三点水），还是“木”字旁。现在还没有足够的证据说明辨别网络是如何工作的。

我们可以把 EPAM 的辨别网络比作查字典的索引。当遇到一个字时，开始我们只知道它像什么，但不知它是什么。这时，我们就可以查索引，看这个字是什么偏旁，是“木”字旁、“氵”，还是“讠”字旁？第一次检验完了，再看看这个偏旁的另一边是什么。这样一层一层的检查就是多层次、多分支的检验方法。我们可以把字典前的偏旁索引比作人的再认记忆，字典中的主要部分比作要找的数据。如果我们有一个足够大的辨别网络，那么就可以分辨、认识很多东西。

现在的问题是，当人在学第一句话的时候，他的脑子里还没有这样一个网络，那么这个网络又是怎样产生的呢？例如，我们开始学习文字时，脑内已有一点网络，当看到“木”就要问：“这是不是木字？”如果木字边上还有东西，它就不是木，而是木字旁的别的字了，这时我们还要根据经验去检验，看“木”的右边是个“奇”字，还是个“可”字，然后就可以识别这个汉字是“椅”字，而不是“柯”字了（见图 2－3）。我们就是这样一步步地学会分辨很多汉字的。人在认识汉字时总是根据已有的知识不断提出检验。这个检验是逐层进行的。在检验中来进行再认，这同时也就发展了辨别网络。把这个过程编成一个计算机程序，在技术上并不太难。这个程序就是 EPAM 程序。EPAM 程序是人的再认记忆模型。

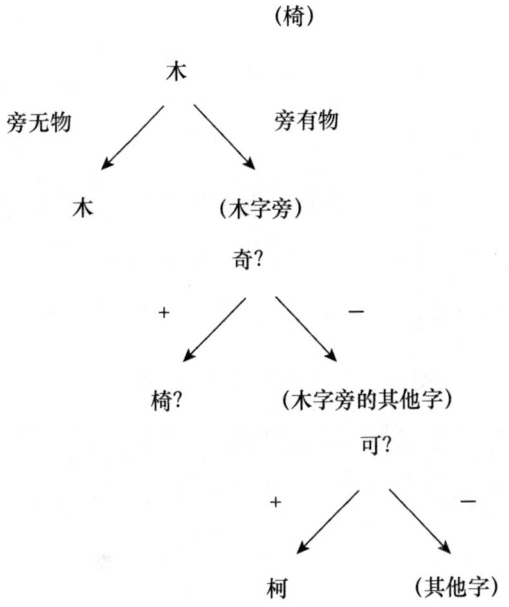

图 2-3　辨别网络

EPAM 程序的学习内容

EPAM 程序的学习内容有两种：

(1) 根据上述内容编成一层层测验的程序，用它来辨别不同的项目。

(2) 建立联合对偶。

在计算机上进行这套网络的活动是需要时间的。我们可以计算出在每一层网络上所用的时间，以及建立一个联合对偶所用的时间。这个时间是 8 秒。计算机学习所用的时间与人所用的时间基本上是一样的。

EPAM 程序学习联合对偶时，如学习 CEF-DAX，首先要认识那些最简单的字母符号，然后再学会把三个字母放在一起（CEF）作为一个刺激，再和 DAX 建立联系。这些字母不是一个熟悉的单元，即不是一个组块，因此学习 CEF 用 3×8＝24（秒），学习 DAX 用 24 秒，然后 CEF 与 DAX 建立联系用 8 秒，共用 8×7＝56（秒）。如果我们把上述的无意义音节换成两个熟悉的单词 CAT-DOG，这样就成了三个组块，只需 24 秒就学会了。让计算机学习无意义音节的联合对偶和学习有意义的字词联合，所花的时间与人所用的时间是类似的。

EPAM 程序学习上述字词和无意义音节所用的时间比例也是 1∶3。如果刺激呈现很快，那么每次学的内容就少；如果刺激呈现很慢，学习的内容就多。因此在研究学习时，只记录学习的次数是不够的，呈现的时间也很重要。如果刺激呈现得太快，人就什么也学不会。同样情形，在刺激呈现太快时，EPAM 程序也学不会。这是因为 EPAM 的每一步程序都没有足够的时间来进行活动了。可见，EPAM 程序可以和人类的学习活动相类比。

EPAM 能证实的现象

EPAM 能证实五种现象：

1. 加工时间。

加工一个组块所需的时间是 8 秒。

2. 意义性效应。

学习材料的意义影响学习所需的时间。将有意义的组块 CAT-DOG 联系起来所用的时间是将无意义音节 CEF-DAX 联系起来所用的时间的 1/3。

3. 符号相似性的影响。

如果我们用 XET 和 XEG 作为两个组块建立联合对偶，由于它们的相似性比较大，EPAM 网络需要增加一些测验才能进行辨别。在联合对偶实验中，两个刺激词之间和两个反应词之间都可以有相似性。若 L 代表低相似性，H 代表高相似性，则有三种组合情况：L-L，L-H 和 H-L。人和计算机实验结果的比较如表 2－3 所示：

表 2－3　　人和计算机实验结果比较

	L-L	L-H	H-L
人	100	95	131
EPAM	100	96	125

由此可以看出，当我们根据人的活动方式，编制程序输入计算机，让其模拟人的活动时，人和机器完成同样任务所需的时间是相近的。

4. 一次学习和多次学习。

行为主义与格式塔学说之间有一个争论，即行为主义主张人类的学习是经过多次尝试错误而学会的；格式塔学说则主张人类是一次就学会的。实际上人既可以一次学会，也可以多次学会。EPAM 程序能够告诉人们，何种条件下要多次学习，何种条件下可以一次学会。这要依赖两种因素：

（1）学习材料的难度。

（2）学习者的策略。

这方面的实验是用系列刺激进行的。例如，给被试呈现一个刺激系列 C-F-A-G-H，然后要求被试在出现一个刺激时即预计下面要出现的是什么刺激。被试若能预计第二个字母，便继续呈现下一个。一般来说，被试很少一次就能学会。如果被试预计错了，便更换另外一个刺激系列，如 C-F-W-G-H。人要学会一个组块，必须要 8 秒。若呈现给被试的刺激是一个熟悉的或有意义的组块，或者呈现时间多于 8 秒，那么被试一遍就能学会。EPAM 程序能够预测出实验的结果。如果每个符号的呈现时间少于 8 秒，被试就不可能学会。如果刺激系列是 3 个字母的无意义音节，被试的学习时间就得 24 秒，否则就学不会。因此 EPAM 理论就提出刺激难度与学习时间成正比。难度大，花时间多；难度小，花时间少。

被试使用的策略是影响学习的第二个因素。如果总的呈现时间太短，被试就不可能学会任何一个字词。如果训练被试使用如下策略：并不平均分配注意，只注意学会字表中的一对字母，而不管其他的刺激，如只注意 C-$\boxed{\text{F-M}}$-G-H 中的 F-M。这样，即使时间少，被试也能学会这对字母。照这种办法，被试就可以先注意学会这一对，再注意学会另一对。材料比较容易时是一次学会的，材料难度大时就是多次学会的。根据 EPAM 理论可以设计出不同的实验，以得知用什么刺激和多少呈现时间可以一次学会，在什么情况下则要多次学会。

当我们对人类的复杂认识活动做实验时，应该注意到各种条件，例如，如何呈现刺激及呈现的速度，也应注意到被试使用的策略。认知心理学研究人在解决复杂问题时最好的策略是什么。

为了说明策略如何影响人的行为，下面可以再举一个例子：让被试做 102×98=？的乘法题。一个被试可能会这样做：

$$\begin{array}{r} 102 \\ \times\quad 98 \\ \hline 816 \\ +918 \\ \hline 9996 \end{array}$$

如果我们知道被试做一位数乘法和一位数加法所需的时间，便可预计他解此题所需的时间。

另一个聪明的被试可能会这样来解题：

$$\begin{aligned} 102\times 98 &= (100+2)(100-2) \\ &= 100^2-2^2=9\,996 \end{aligned}$$

这个被试使用了另外一种认知加工策略，他的计算速度就快得多。乘法这个例子说明被试使用的策略不同，加工方式不同，其效果也不同。

5. 系列位置效应。

多年前人们就注意到这样一个事实，即如果让被试学习12个无意义音节，最先学会的是第一个和最后一个音节。中间的音节学得慢，而且错误多。在回忆效果上是两端好，中间差。如把这一结果绘制成图，就是“U”形曲线（见图2-4曲线a)。

如果刺激是一系列的字母，如C-F-M-B-X。首尾的字母C、X似乎起着关键的作用，其他字母都向这两个字母联系。M向下联系，F向C联系，C是首端。我们发现，计算机的学习结果与人在实验室里学习的结果一样。我们认为这种现象是由于注意分配造成的，是被试在学习时把一个字母与首尾两端的字母联系的结果。我们可以改变策略，以防止出现这种现象。文献上有两个实验可以借鉴。

实验1：把中间的字母印成红色，将所有其他的字母都印成黑色。原来两头的字母是关键点，现在中间的红字便成为关键点了。结果就使原来的倒“U”形曲线变成中间低的双峰曲线了(见图2-4曲线b)。这种现象叫作莱斯托夫（Von Restorff)效应。

实验2：事先让某些被试把注意集中在刺激的前面部分；

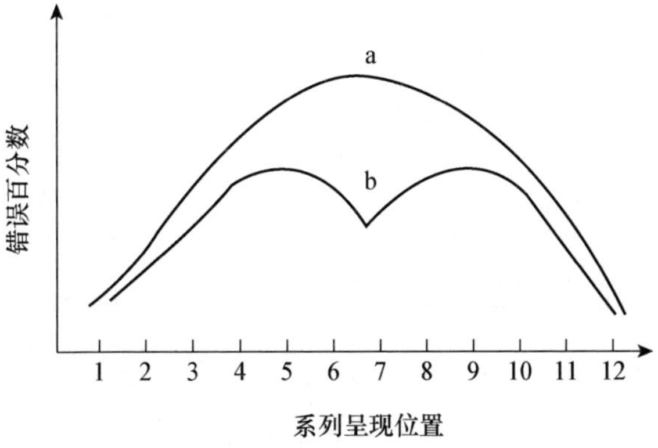

图 2－4　系列位置效应

让另一些被试把注意集中在刺激的中间部分；又让一些被试注意刺激的后面部分。实验的总时间是固定的，只是让被试注意的部分不同。在这种情况下，被试所注意的部分错误就减少。这说明人使用不同的策略，就会出现不同的系列位置效应。

由上可见，计算机程序可以严格、确切地表现出人的心理活动，同时也可以数量化地预测人的行为表现。

系列加工与平行加工

视觉刺激作用于视网膜，再传入大脑，产生视觉。视觉刺激进入视网膜后其能量有个积累的过程，这个过程所积累的时间是 100 毫秒。视网膜上的信息量可以用比特来加以测量。我们可以把视网膜想象成一个平面，它是一个平行加工的机器，大量的信息可以在这里积累起来。信息从视网膜平行地进入皮层的第 17、18 区。信息到大脑皮层后会有很大的损失。大脑皮层的短时记忆是系列加工的。人有意识地控制自己的行为也是一种系列加工活动。这就产生了一个问题，人脑有上亿个神经元，如果在大脑里进行的主要是系列加工的话，那么，除了对信息进行加工的神经元以外，剩下的神经元起什么作用呢？答案是，大多数神经元虽然不处于活动状态，不是在处理信息，但它们却都保存着信息。

很多人对视觉的遗觉像感兴趣。一些人，特别是儿童，把一页书在他面前呈现很短的时间以后，他能够在头脑里逐字逐句地把这页书重新呈现出来。从遗觉像这种情况看来，似乎从视网膜到脑的加工是平行的。但是，EPAM 理论认为人要 8 秒才能加工一个组块，是不是 EPAM 理论不能解释遗觉像的问题呢？哈伯（R. N. Haber）把遗觉像的刺激按组块进行计算，结果证明有遗觉像的人是很少的。在实验室里对那些所谓有遗觉像的儿童进行严格控制的实验，结果这些儿童表现不出遗觉像来，他们也只有一般的短时记忆的容量。事实上，同时把许多东西平行记住是不可能的。如果在实验室里证明人确实有遗觉像，那么用信息加工理论来解释就很困难。

声音传到耳朵里是平行加工的，耳朵可以同时加工各种频率、各种强度的声音。从耳朵进入回声箱（echo box）是短时记忆部分，短时记忆能保留 3～5 秒。声音是由双耳听到的，双耳听觉是否也是平行加工的呢？第二次世界大战以后，英国的心理学家做了许多双耳听觉的实验，他们用一个仪器把不同的刺激分别作用于两只耳朵，使两耳同时听不同的声音信息。实验结果如下：

（1）事先让被试注意用左耳听，但问右耳听到了什么，结果右耳能听到的内容很少。一般只能听出是男声还是女声，是英语还是别的语言，而讲不出具体的内容。

（2）交替地给被试两耳以不同的刺激，例如一边是心理学讲演，另一边是政治报告，被试能听出的主要是一只耳朵的内容。

（3）若给一只耳朵听数字，给另一只耳朵听字母，被试能够根据他所注意听的一只耳朵，按顺序回答数字或按顺序回答字母。如果把字母和数字的排列顺序打乱，呈现时间错开，分别给两只耳朵听，被试的报告也是数字连着数字，字母连着字母。以上两种实验安排举例如下：

①	左耳	右耳	②	左耳	右耳
	7	B		B	7
	4	A		4	A
	1	M		1	M

人在听声音时，有时知觉到左耳的声音，有时知觉到右耳

的声音，这说明听觉不完全是系列加工的。例如，在很嘈杂的屋子里，当一个人正在和近处的几个人谈话时，如果远处有人叫这个人的名字，他仍然可以听出有人在叫他。当我们集中注意听某一内容时，仍可以感知到其他信息。这就说明听觉有一定的平行加工能力。正是由于我们对某其他事物也稍有注意，所以才能转移注意去听更为重要的内容。同样情形，由于运动的东西容易被看到，所以当我们注视前方时，同时也能看到在视觉边缘运动的刺激物。当我们注意一件事情时，我们仍能注意到干扰或意外出现的事情。这都说明人的知觉系统有一定的平行加工能力。

人的运动系统也具有平行加工的能力。从大脑向外传送的支配动作的冲动不是系列的。人在弹钢琴时十个手指的动作是同时受支配的，这种动作是整套的动作。

总之，人的感觉输入和运动支配有许多成分是平行加工的。但在大脑皮层水平的记忆、思维、注意等过程则多是系列加工的。

在讨论平行加工和系列加工时，还要考虑到时间的片断性。人在 1/4 秒的时间内只能做一件事，这是系列加工。如果我们采取更长的一段时间，把它加以切割，那么，在这段时间里就可以做很多事，如吃饭、和朋友谈天、走到另一个楼里等。在这一段时间内所完成的许多事情，实际上是穿插进行的。这在计算机的操作中叫作分时（time-sharing）。再举一例，一个人可以一边开车一边谈话，这可能被认为是平行加工，但实际上，这仍是系列加工。如果马路上车辆增加了，或者自行车很多，这时也就不能说话，而要用更多的时间去注意开车了。在这种情况下，为了避免事故，注意开车比说话更为重要。

现在的计算机基本上是系列加工。计算机也可以模拟人的平行加工过程，这是用分时或时间切割的方法进行的。因此，按系列加工原理设计的计算机既能模拟人的平行加工过程，也能模拟系列加工过程。

遗 忘

长时记忆能保持很长时间。人可以记住一生中的许多事情，甚至六七岁时的一些事也能记住。但也有些事情却回忆不起来了，这就是遗忘。

有两种最主要的遗忘理论。第一种理论认为遗忘是原来的记忆被擦掉了；第二种理论认为过去的记忆一直保留在头脑中，遗忘只是记忆恢复不起来了。如果拿字典作比喻的话，第一种理论就如同字典中的几页被撕掉了，第二种理论就如同字典缺少索引，每个字词的解释都存在，就是没有办法找到，这两种理论都有一部分正确性。要想恢复已有的记忆，就得有新的线索和利用更多的通路。

信息的多余性使信息得以长时间保留在记忆里。信息的多余性可用下面的例子加以说明。有四行随机的数字：

7 1 6 8 7 3

4 5 9 2 3 5

1 8 7 1 2 2

8 1 1 5 4 2

一个人用几分钟就可以把这些数字记下来。以后如果能经常复习，那么一年两年也能记得住；如果不加复习也就记不住了。现在再写两行数字，这两行数字不是随机数字，而是根据上面第四行的 811542 写出来的：

0 3 3 7 6 4

5 8 8 2 1 9

第一行中的每个数字比上面第四行的相应数字大 2；第二行又比第一行大 5。假若最初的三行数字中的一部分被擦掉，就无法知道被擦掉的是什么了。这是因为那些数字是随机数字。而新给的两行数字若有一部分被擦掉，则可以根据数字间的关系把擦掉的数字恢复出来。这个例子说明，我们不要孤立地去记东西，而要找出事物之间的关系，这样就容易记住。这就是记忆的多余性。格式塔心理学早已证明学习中掌握关系的重要性，意义识记要比机械识记效果好得多。目前长时记忆的实验一般是 10 分钟、半小时，最多是几星期。做更长时间的记忆实验是比较困难的，因为几个月、几年的长时记忆实验，其条件不易控制，也不易找回原来的被试。

数据存储好似字典里的内容，是已经记忆的东西。辨别记忆是指用什么线索使这些记忆恢复起来。前面讲过，一个组块存到长时记忆中需要 8 秒，现在的问题是，这 8 秒是花在存储上面了呢，还是花在辨别记忆的线索上面了呢？延缓回忆实验有助于回答这个问题。

让一个棋手看棋盘 10 秒，间隔 30 秒，让这个棋手回忆第一盘棋。结果是，如果只给 10 秒回忆时间，他就回忆不出第一盘棋。这是因为第一盘棋仅呈现 10 秒，它仍处于短时记忆中，还没有足够的时间被充分地存到长时记忆里去；第二盘棋的出现又倾向于把它从短时记忆中推出去，因此，第一盘棋就回忆不起来了。但是，假若在 30 秒间隔后给他 30 秒到 1 分钟的回忆时间，他就能回忆起第一盘棋的大部分。既然给被试较长的时间让他努力回忆，他就能把第一盘棋回忆出一部分来，这说明第一盘棋还保存着，呈现 10 秒不仅使它到了短时记忆，同时也到了长时记忆。但是，这 10 秒对于建立即时回忆的充分线索又嫌短了一些，即 10 秒还不够建立辨别记忆。因此，在 30 秒干扰后，被试短时间内回忆不出来。但若给被试加长回忆时间，经过努力地回忆，他用少量线索，利用多余性，也能回忆出一部分来。学习时间长，建立的联系多，回忆时能有更多通路促进记忆，已为许多实验所证明了。

关于记忆术问题。有人识记东西时常常利用窍门，这些窍门主要就是把要记的每一种东西和一个熟悉的事物建立起联系。如果要在两三秒的时间内读出十几样东西，并把它们都记住，我们就可以这样做，即把每样要记的东西都和宿舍里熟悉的东西建立起联系：第一件东西放在床上，第二件放在衣柜里，第三件放在抽屉里，第四件……我们上街买东西用这个方法就不会忘记该买的是什么了。利用记忆术，只需两三秒，甚至更少的时间就能记住一个组块。这样识记会节省时间，因为床、衣柜、抽屉等等这些家具是已经熟悉了的东西，现在只是在每件家具里放上一个新的项目而已。熟悉的东西，即原来的通路，可以帮助回忆起这些项目来。自古以来，各种记忆术多半都是利用辨别记忆，即建立线索，扩大辨别网络，以便提取。目前心理学非常需要进行这一类研究。

第三章

问题解决

认知心理学家之所以对记忆结构感兴趣，是希望通过对它的了解，能对人的更复杂的心理过程有所了解。

产生式系统

信息加工系统能进行数学运算是以产生式系统为基础的。所谓产生式系统，是指计算机所能执行的一组活动，它的基本原理是一个条件能产生一个活动，即 C-A（condition-act）。过去在心理学中有一个 S-R 公式。产生式系统是从“条件”到“活动”，其中的活动就相当于反应。每当某个条件出现时就产生某个活动。S-R 与 C-A 有联系，但也有不同。二者共同的地方是当刺激出现时就会出现反应，当“条件”出现时就会出现“活动”。但是，在“条件”和“活动”的联系上，“条件”并不等于外来的刺激。“条件”有已有的信息，即在短时记忆中已保存了的信息，这是二者的区别。

就拿我们做竖式的加法计算来说，首先，总的目标是做加法，在具体做的时候，是先读 4，将 4 保存在短时记忆中；再读 7；7 和 4 相加得 11，又将 11 保存在短时记忆中。得了 11 之后就没有必要再保持 4 和 7 了，只保存 11 就够了。这样我们解决竖式加法的方法就是，4＋7＝11，11＋3＝14，14＋8＝22，22＋2＝24。在这个解题过程中，每一步脑子里只保持 1 个数和读 1 个数。计算过程中脑子里的短时记忆和读数是：4－7，11－3，14－8，

22—2，24。一个人要很好地解决竖式加法运算，他脑子里还要有指示，即已经加到哪一步了？下一步该加什么了？从这个例子可以看到，人在解决计算任务时，记忆包括三个分活动：

（1）关于总目标的信息——做加法。

（2）每一步输入和输出的信息——每一步由两个数相加得出结果。

（3）指示——在解题过程中，指出运算到哪一步。如果已经完成了一步，就把指示指向下一步计算，眼睛由上向下移动。

以上所讲的每一步计算过程就是一个产生式。短时记忆是“条件”，从“条件”得出结果，这个结果又存入短时记忆，并变为下一步的“条件”。在头脑里的并不是具体的“条件”，而是把 11 当成 N_1，3 当成 N_2，计算 N_1+N_2，再往下看后面一个数，等等。这是一般的“条件”和行为之间的关系。儿童学算术，不需要学会算具体数字，只需要学会一般的产生式。信息加工心理学关于产生式系统的基本假设，就是把条件保持在短时记忆里，由条件引起活动。条件在短时记忆里是心理活动；由条件引起的活动也是心理活动。因为 11＋3＝14 的加法实际上是从长时记忆中提取的，相加之后又将相加的结果 14 放在短时记忆里，以便下一步相加时使用。从长时记忆转到短时记忆也是内部活动。上边谈到计算活动由三部分组成，这是简化了的描述。人的信息加工系统，根据条件和活动性质的不同，有各种不同种类的产生式。活动也可以是不同的，在指示活动中，可以是得出一个数后继续往下算，也可以是用手写出答案来。

可见，所有产生式活动都与短时记忆有关，这包括把信息存入短时记忆，从短时记忆提取信息，以及信息在短时记忆内部的变化和传递。以竖式加法运算为例，C-A 产生式有以下几种基本方式（见表 3－1）：

表 3－1　　C-A 产生式的基本方式

产生式	计算过程
①从短时记忆开始，转到外部运动。	①算完一步，眼睛注意下一步。
②输入感觉信息，并将其放进短时记忆保存。	②念一个数字，把它记到短时记忆里。
③从短时记忆里提取信息并加以改变，然后又存入短时记忆。	③做完一步，得出暂时的和，再加一步，得出新的和。
④从短时记忆里提取信息，将其固定或保持到长时记忆里。	④全部算完以后，把总数记到长时记忆里。
⑤从长时记忆里提取信息，放到短时记忆里。	⑤利用早已学会的加法口决算出结果。

目标和指示是产生式条件的控制部分，也是最主要的部分。没有控制部分，计算就无法进行。如果目标改变，进行的方式也发生改变。复杂活动也可以按产生式程序的方式进行。

再举一个例子来说明这一过程。假定我们要解决的是由 4 个圆盘组成的河内塔问题。4 个圆盘最大的为 1 号，依次为 2 号、3 号、4 号。最小的 4 号在最上面（见图 3－1）。为解决这个问题，被试要做一系列动作，例如，当被试要把 4 号盘移到

B柱的3号盘上面，他想到4号盘并将它移到3号盘上面，这是上述第一种从短时记忆提取信息并转到动作的产生式；注意到3号盘在B柱上是上述第二种获得感觉信息并将其转入短时记忆的产生式；事先已看到最小的4号盘在C柱上，并把它作为待移动的目标保存在记忆中，这是从短时记忆到短时记忆的第三种产生式；被试在短时记忆中将4号盘在C柱上的信息保持约1秒，还要把它转入长时记忆，这是第四种产生式。此外，被试过去可能解决过这种问题，记得假若把3号盘放到C柱上问题就不能解决了。这是把过去的经验（长时记忆）提取出来放入短时记忆的第五种产生式。通过上述例子很容易就能了解到，这五种动作是最基本的信息加工活动，它们都和短时记忆有关，是用来解决问题的。

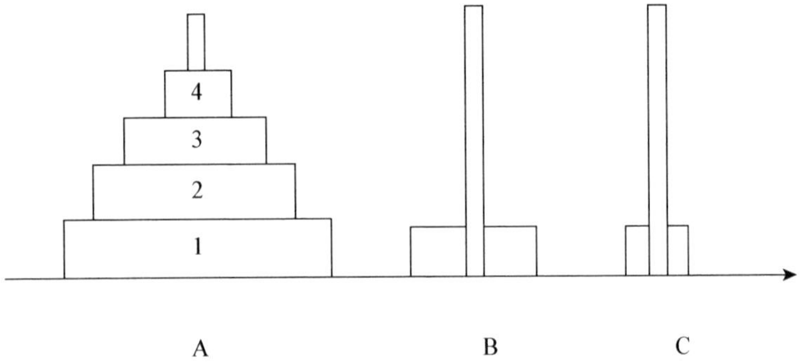

图3-1 河内塔问题

在长时记忆里还有一个小部分——程序部分（见图3-2）。长时记忆里存有许多数据，它们不仅包括动作，还包括从经验获得的关于世界的知识。这些数据在长时记忆中的组织方式和存储方式，以及怎样使它们恢复活动，即数据如何被提取，可以用 EPAM 程序来解释。一个组块是一个熟悉的单元，由于是熟悉的，对它本身的记忆就不要什么时间，需要做的只是在各组块之间建立联系。例如，记忆 A⟷Z，因为 A 和 Z 都是已经熟悉的单元，所需要的就是在 A 和 Z 之间建立联系。建立 A-Y 联系需要 8 秒。假若记忆 A-F-C 三个连串的字母，在 A、F 之间和 F、C 之间都要建立联系，这就需要 16 秒。实验研究已经证实了这一点。如果进行系列学习实验，要记忆 A-Z-F-B，在 A、Z 之间建立联系需 8 秒，F、B 之间建立联系需 8 秒，这两个联系（A-Z 和 F-B）各为一个单元，再联系起来又要 8 秒，这样总时间就增多了。在长时记忆中，EPAM 程序是先把单个刺激组成小组块，再组成高一级水平的、更大的组块，以这种方式进行存储。

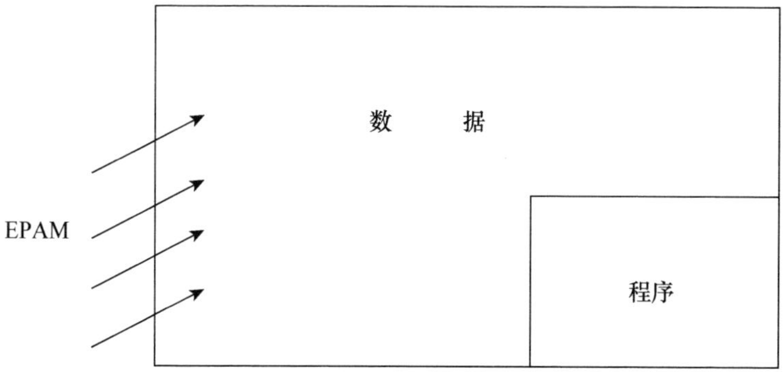

图 3－2　长时记忆

关于人脑如何以产生式进行活动，还有和EPAM理论相近似的其他一些理论，如安德森（J. Anderson）的“扩散激活理论”。安德森认为，在长时记忆里并没有独立的短时记忆的小盒子，而只有一个小的活动着的部分。例如，在做代数时，在长时记忆里过去的有关部分被激活了。被激活的这一小部分就相当于我们所说的短时记忆。在长时记忆中，一部分活动可以减弱，另一部分活动可以加强。长时记忆中被激活的部分会不断地扩散、变化，这就相当于从长时记忆中提取短时记忆。长时记忆和短时记忆这两种存储模型，以及安德森的“扩散激活”模型，对于解释一些记忆现象都是适合的。

联想

以往，人们都以为记忆是联想，例如，“北京”是一个组块，由它而联想到“长城”，再联想到“北大”。这种联想是双向的，由“北京”联想到“北大”；由“北大”也可以想到“北京”。但是新近的一些研究认为，学习的基本联想是单向的，例如对偶联系就是单向的，提出刺激词可以想到反应词；而提到反应词就很难想到刺激词。我们在学习外语时常有这种体会，看到“The Great Wall”知道是“长城”，但问到“长城”的英文单词是什么，就不一定说得出来。因此，我们在学习外语时最好是两面学，要建立双向的联想。

19世纪德国符兹堡学派曾做过复杂联想的实验，即给一个刺激词，要求被试回答在头脑里出现的第一个词。例如，主试说“动物”，大多数人脑子里出现的第一个词是“狗”。另一种实验是主试说一个词，让被试把按照一定方向联想到的词回答出来，这叫作指向性联想。若指定的方向是上一级，那么在刺激是“猫”时，回答就应该是“动物”；若指定的方向是下一级，回答就应该是“狸猫”、“白猫”或“老猫”等；当要求指向中间水平时，回答就应该是“狗”“兔”“鼠”之类的动物。由此可以想象到，在长时记忆中存储的数据不只是简单的联想，而且有带方向性的联想，即各种联系之间有上、中、下级的标号，这种标号指明了联系是什么性质的。简单联想只是第一个符号连接第二个符号，中间不必有标号，如X-Y。联想也可以是复杂的，如X代表黑板，关系为颜色，则Y就是黑色。这种方向性联想是数据在长时记忆中存储的基本形式。

记忆序列性材料是简单的联想，这种联想就是在头脑中把材料排列成一个简单的表。如果记忆复杂的材料，头脑中就会有两种结构：一种是序列性的；另一种是关系性的。关系性的结构对数学家来说，就是在X与Y之间按一定关系建立起联系，把这种关系用更一般的方式写出来就是R（X，Y）。如果用R（X，Y）可以表示某种逻辑关系，则在头脑中各种逻辑关系也可以保存起来。用计算机模拟人的思维模式，就是采用这种方法，即用记忆中表示相关结构的形式来保存各种信息。一般常用的FORTRAN、ALGOL、PASCAL、BASIC等计算机程序语言还不适合以相关结构的形式来存储信息。现在又提出了表处理语言——LISP（List Processing Language）。这种表处理语言是在人工智能中模拟人的思维的最好的语言。

人的长时记忆中的程序和有组织的数据，是按辨别网络来提取的。如果从记忆中回忆一些往事，这可能包括两种过程，或是一个一个地按序列进行的；或是同时进行的。如果是直接再认，那就是从长时记忆中很快地把有关信息提到短时记忆中来。例如，英文学得很好的人，如果给他看“cat”这个词，他第一步能认出“cat”是一个字词，第二步便能从长时记忆中根据联系很快地提取出“cat”的意义来，因而他看到“cat”就说是“猫”。有时对一些事物不能直接再认，这是因为失去了线索，不能立刻从长时记忆中把有关的信息提取出来，此时就必须通过其他线索，依靠联想去间接地进行搜索。例如在上例中，如果不能直接再认出“cat”这个词，便可以通过间接的方法去搜索，由于记得“cat”在英语课文中与“dog”一起出现过，又知道“dog”是“狗”，这样便联想到“cat”是“猫”了。由于搜索过程不同，再认的速度也不相同，可能需要5秒、10

秒，甚至更长的时间，这取决于联想追踪的复杂程度。

对于记忆结构曾做过许多实验研究。其中很多实验都是用“拼字图”（anagram）进行的。所谓拼字图就是把一个英文字词的字母排列次序打乱，要求被试认出原字词。例如“rctedeid”就是“directed”这个字词的拼字图。有的拼字图很简单，人们一看便可以想出怎样将字母重新排列成为一个单词。但是，要解答复杂的拼字图那是很困难的。例如，对由 8 个字母组成的拼字图就很难一次做对，往往是通过来回地尝试，多次重新排列才能做对。有时是先排出一小部分，从这一小部分就可以大概想到这是什么词了。在上例中，如先排出“irect”这五个字母，也就容易将其他三个字母也排上去而成为“directed”了。在回忆某种事物时，有时自己觉得已经想出了某些东西，但口里却不能明确表达出来，这种现象称为“舌尖现象”，或“话到嘴边现象”（tip of the tongue）。在解拼字图时也时常有这种“舌尖现象”。在美国，布朗（R. W. Brown）和麦克尼尔（D. McNeill）两人用拼字图对记忆的组织结构进行过很多的研究。

问题空间

认知心理学家之所以对记忆结构感兴趣，是希望通过对它的了解，能对人的更复杂的心理过程有所了解。人们日常生活中所进行的复杂的心理活动，有时也叫作“高级心理过程”。关于这种高级心理过程能否用简单的“机械学习”“刺激-反应”等规律进行解释，一直存在着争论。人在生活中解决复杂而又困难的问题，人认识和适应外界复杂的环境，像这样复杂的活动能否用实验室得出的基本知识加以解释，仍是一个问题。

下面讲如何用一些基本的、简单的过程去解决人类的复杂问题，其解决的可能性已经达到了什么程度。

一道算术题可能包括加法、乘法等，这个课题的任务范围（task domain）包括一些数字和一些操作，如得出加法的“和”、乘法的“积”等。在这些操作中，答案正确时就是合法算子；答案错了就是不合法算子。在题“3＋4＝7”中，答案“7”是合法算子。合法的操作要求运算的题、数字、结果、过程都符合解答该题范围的规则。此外，数字本身也有一些特性：奇数、偶数；数量之间的关系有“＞”“＜”“＝”等。因此，在提出一个课题时就要确定任务的领域。主试可用几种方式向被试交代任务的领域和范围。在这个例子中，主试首先要交代题中具体的数字、算子；被试则必须从过去经验中提取奇数、偶数，哪些数大、哪些数小，它们之间的关系，过去所会的加法、乘法等等。被试根据所提取的信息，以及数字之间的关系进行推理，产生了自己的问题空间（problem space）。

因此，一个课题对主试来说是“任务领域、范围”；对被试来说则成为“问题空间”了。

被试从主试那里获得信息，知道了课题是什么、算子是什么，然后在自己头脑中转换为“问题空间”。当然，这个“问题空间”可能与主试所理解的“任务领域”不同，被试很可能对主试的一些指导语产生误解；也可能不懂主试所提出的要求；或者回忆不起来有关的知识。

为了具体说明什么是主试的“任务领域”和被试的“问题空间”，我们可以再举一下河内塔的例子。首先，主试要向被试呈现河内塔。被试看到了三根木棍和四个圆盘；然后被试又看到主试的示范，把圆盘从一根木棍上移到另一根木棍上，知道算子就是逆行移动。在这里，P_x 和 P_y 表示两根木棍，任务是圆盘从“P_x”移到“P_y”。最后，主试向被试说明规则，说明哪些操作是合法的，要遵循哪些条件。这些规则包括：

（1）一次只能移动一个圆盘。

（2）小的圆盘必须放在大的圆盘上面。

这时被试经历了三个步骤：认识课题，看主试示范，听主试讲清规则、条件。同时，被试也看到了课题的其他方面，如圆盘的大小不同、颜色不同，某个圆盘是在某根木棍上等。对于所有这些情况，被试可能全部都理解了，也可能仅注意到其中的一部分，而忽略了另一部分。被试可能忘掉了“必须一个一个移动”的规则；年龄小的儿童甚至会把整个河内塔端起来移过去；个别被试会认为颜色很重要，并根据颜色来移动圆盘。被试的这些理解上的偏差、错误等，就是被试的“问题空间”与主试的“任务领域”之间的差距。在问题解决实验中，主试必须把“任务领域”交代清楚，同时要了解被试的“问题空间”是否符合“任务领域”，两者有多大差别，有哪些不一致的地方。我们可以把主试的“任务领域”和要求视为“现实”，把被试的“问题空间”看作是他对现实的知觉。

虽然有许多被试比主试更聪明，但主试的“任务领域”要比被试的“问题空间”更正确。因为主试在两方面占有优势，第一，课题是主试创造的，规则是他制定的，他可以“肯定”或“否定”一个动作；第二，主试在提出课题之前，他已经花了很长时间研究“任务领域”，而被试接触课题的时间则很短，只有几分钟。在心理学研究中，主试通常用标准化的课题来做实验，如采用“河内塔”这样的课题。这样标准化的课题许多人都研究过，人们较清楚地知道实验中被试会出现什么样的问题。但是，即使对这样简单的课题，被试也不会初次就能理解得像主试那样深刻，只有后来经过学习，有了经验，才能理解那些深刻的特征，主试在“任务领域”中的一系列信息才能变成为被试的信息。对于像河内塔之类的简单课题，虽然经过多年的反复研究，但在人类问题解决的课题方面仍不时会有新的发现。

问题解决的途径

人在解决问题的时候，可以采取不同的途径或方法。人们可以用随机尝试的方法，经过多次试错，最后得到答案。人们也可以根据一些规律，或在经验中已经证明是行之有效的方法来解决问题，而且能把尝试的次数减到最少。另外还有其他解决问题的方法，下面介绍的就是其中的几种。

假设-检验法

现在以解密码算术题为例，来说明解决问题所采取的两种不同的途径。下面这个密码题的上、中、下三行各是一个人名：

```
  D O N A L D
+ G E R A L D
-------------
  R O B E R T
```

已知：D=5

任务要求：（1）把字母换成数字；

（2）字母换成数字后，下面一行数字答案必须等于第一行与第二行数字之和。

这个问题比较困难，因为解题共有300万个可能的尝试，即10！$=3\times10^6$。如果我们知道了一个线索：D=5，则各种可能的尝试减为9！$=3\times10^5$个。我们考察解决这个问题的过程就会发现，不同的被试所利用的问题空间不同，他们所利用的来自数字的特性和关系的信息也不相同。

一种解决问题的方法是，每个数字任意给一个英文字母，进行计算，当发生矛盾时就把数字和字母之间的对应关系再做新的安排，重新计算。如指定0=O，1=N，2=A……5=D，直到9=T，但计算到5+5=10，而不是9时，就知道错了。这时就需要重新指定数字代表的英文字母，再做计算。用这种随机尝试的方法需要3×10^5次才能得到正确答案。

另一种方法是，系统地从右向左，利用解决问题中所得到的知识来做。因为D=5，就可以知道T=0。由于我们知道了T和D的数值，尝试的范围就缩小了。最右边的一列解决后，接着再看其左边的一列，由于这一列L+L=R，没有提供任何信息，因而就必须尝试着加以解决。先假定L=1，R就等于1+1再加进位的1，即是3了。运用这种方法继续进行到最左一列D+G=R时，就会遇到矛盾，因为D=5是给定的，5+G肯定大于或等于5。又已知T=0，因此G≠0，那么R就必须大于5了。这样，L=1，R=3的假定就是错的。

用这种方法反复试验，经过许多组合，可以得出一个正确答案。然而，以上两种先提出假设再进行检验的方法（假设-检验法）都不是有效的方法。在实验室中采用这种方法的被试往往都失败了。

选择性搜索

解决密码算术题的有效的方法是先找出可能性最少的一列，从中获得最多的信息；再利用加法中的某些规则去进行推理，从而找到正确答案。这种方法叫作选择性搜索或启发式搜索。

所谓可能性最少的那一列，就是限制性最多的那一列。

例如，从右侧开始：

第一列：T=D+D，D=5，T=0，同时要进一位。

第二列：R=2L+1，根据奇数和偶数的知识，两个 L 相加必定是偶数，再加上进位的 1，R 必定是奇数，因为已知 D=5，所以 R 可能是 1、3、7 或 9。从上面的分析中已知道 R>5，所以 R 只可能是 7 或 9。

第三列：没有更多的信息，A 和 E 均为未知数。

第五列：有最大的限制性。因为 O+E=O，所以 E 只可能是 0 或 9。已知 T=0，所以 E=9。

将式中所有的 E 都换成 9，再回到第三列。

第三列：A＋A＝9，A＋A 应是偶数，而 9 是奇数，这就说明第二列必须进一位，这样就得出 A＝4。在第二列已知 R 可能是 7 或 9，既然 E＝9，所以 R＝7。

第二列：2L＋1＝17，故 L＝8.

第六列：D＋G＝R，即 5＋G＋进位 1＝7，故 G＝1。

现在只剩下 3 个字母 O、N、B 和 3 个数 2、3、6 了。随便试一下就可以得出 N＝6，B＝3，O＝2。最后结果变成：

$$\begin{array}{r} 526485 \\ +197485 \\ \hline 723970 \end{array}$$

能够解答这一问题的被试几乎都用了这种方法。在解决这个问题时，被试的主要思路只有几条，只利用了 6 个可能性，而不是用 30 多万次的尝试。由此可见，由于采取了这几条主要的思路，就可以排除大量的尝试，达到解决问题的目的。

再举一个与上述相似的例子。

假定我们有许多珠宝玉器保存在保险柜里。保险柜的对号锁共有 10 个数码转盘，每个转盘上有 100 个数。一个小偷要想打开保险柜，那么他至少要把全部可能性的半数都试过才能办到。他要尝试 $100^{10}=10^{20}$ 次。这是一个很大的数字，即便用计算机去试，也要花很长的时间。如果小偷很有经验，他发现这个保险柜是个老式保险柜，当某个盘转到合适的位置时就会“咔嗒”地响一声。小偷利用这种听觉信息可以大大减少尝试的次数，也许只需要几百次或几千次就能把保险柜打开。我们解答密码算术题所用的方法与开保险柜的方法类似，它不是随机的尝试。随机尝试时错走一步就要全部倒退，所以我们需要利用窍门和有关的知识，采取有效的解题方法。这种有效的方法就叫作启发式搜索（heuristic search）。

解决密码算术题的关键是要找到一些解题的规则，这些规则就是简单的产生式系统。例如先从限制最大的地方入手，因为在这里关系最简单，并把选择的可能性限制到最小。解决密码算术题的三条规则是：

（1）把每个字母都配上一个数字。

（2）每选一列进行运算时，要树立一个目标，并利用过去的算术原理得出结论。

（3）把已知的数字代进字母，并找到限制性最大的那一列进行运算。如果这一步解决了，再找另一列限制最大的进行运算。

这就是我们解决问题的启发式搜索的三个步骤。

上述产生式规则不仅适用于解决密码算术题，而且可以用来解决一般性的问题。第一条规则：只要有了代表某个字母的数字信息，就把它尽量应用到问题解决中去，如知道了 T＝0，就把所有的 T 都换成 0。第二条规则：当问题中有一定的关系时，就要利用已有的算术知识把解题推进一步。例如，2L 是偶数，2L＋1 是奇数，还要利用逻辑学的知识进行推理，得出新的信息。第三条产生式规则可以归结为简化问题和先易后难两个一般性的原则。把问题简化，如在开保险柜的例子中，利用“咔嗒”这一信息，就把解决问题的过程简化了。为了使问题容易解决，可以采用各个击破的办法。先易后难就是从最容易的地方入手。上述三条规则的共同使用，就可以使我们解决密码算术题。

爬山法

爬山法的基本思想是设立一个目标，然后向目标方向运动，逐步逼近目标。这就像爬山一样，如果在山脚下，要想爬到山顶，就得一点点地往上走，一直走到最高点。有时爬山法得先上矮山顶，然后再下来，重新爬上最高的山顶。因此，爬山法只能保证爬到眼前山上的最高点，而不一定是真正的最高点。

在一些经典的用人或动物做被试的心理学实验中，除了设立目标之外，还在目标与被试之间加入一个障碍，使被试不能直接达到目标，如图 3－3 所示：

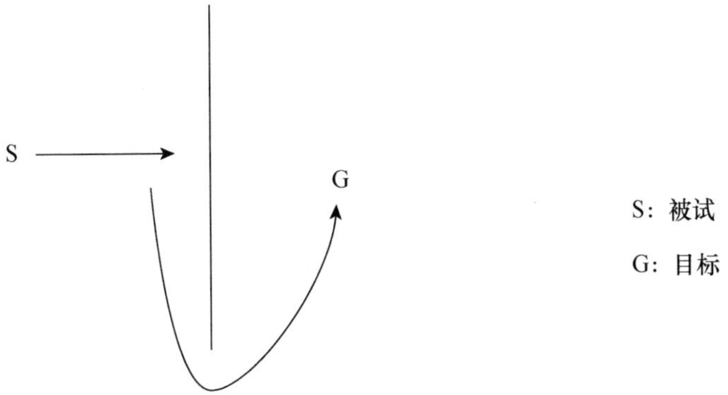

图 3-3　在目标与被试之间加入障碍

在这种情境下，被试要花费相当长的时间去克服困难，找到绕过障碍的方法，有时甚至要倒退才能绕过障碍物达到目标。这就相当于在爬山法中经过曲折的途径而达到最高的山顶。当然，爬山法在我们日常生活中也是有用的方法，不少实际问题都是靠这种方法解决的。

总结以上几种解决问题的方法，我们看到，初次接触一个问题的人之所以能够解决这个问题，就在于他可以把过去已经掌握的一般解决问题的方法应用到新的情境中去。心理学的智力测验是测量人的某些能力，测验中的项目并不是被试过去已经知道的东西，被试要将过去掌握的一般知识应用到解决测验的项目中去，这种解决问题的能力就是智力测验所测的能力。

在人工智能中，我们通常把不依赖已有的具体知识来解决当前问题的方法称作弱方法。前面提过的假设-检验法就是弱方法。

用假设-检验法解决密码算术题时，任意给每个密码设想一个数，然后再进行检验，这里并没有运用已有的具体知识。爬山法也是弱方法。这些方法是最粗糙的方法，其效率是很低的。如果是利用已有的有针对性的知识来解决某个问题，这就是强方法。例如，让被试找 X、Y 的函数关系，如果他没有微积分知识，就得一点一点地试，使 X 值逐渐增大，看 Y 的变化，一直到找到最高点，得出结果。这就是弱方法。如果他已经具备数学方面的知识，那么就可以利用微积分把最高点定为 0，这就是强方法。选择性搜索是利用过去已有的知识经验，有针对性地提出假设，然后再进行检验得出结论。这是有效的解决问题的方法，是一种强方法。在解决某个问题的时候利用强方法，是非常重要和有效的。

手段-目的分析法

人类解决问题有一个很重要的方法，即手段-目的分析法（means-end analysis）。这种方法在某些方面类似于爬山法。下面举一个例子。我们在北京大学的校园里，我们的目标是要到天安门去。我们先想到北京大学与天安门之间有什么差异。这个差异主要是距离上的差异，大约是 10 公里。然后我们思考要用什么操作手段去缩短这一空间距离。我们可以坐公共汽车去，或者乘出租汽车去，也可以步行去。我们可以运用所掌握的任何可行的操作方法去缩短这个距离。如果时间紧迫，我们就坐出租汽车，但是还要考虑用什么方法把出租汽车叫来。这里又产生一个“距离”，要缩短这个“距离”，也就是减小差异，我们就得依据现有条件，决定是约一辆出租汽车，还是走到路边叫车。

上述事例中解决问题所用的方法就是所谓的手段-目的分析法。这种方法概括地说，就是先有一个目标，它与人当前的状态之间存在着差异，人认识到这个差异，就要想出某种活动来减小这个差异。但是要完成这个活动，还要先满足某些条件，也就是说要设法缩小这方面的差异。手段-目的分析法中的“目的”就是“目标”，所谓“手段”就是用什么活动去达到这个目标。

手段-目的分析法在某些方面不同于爬山法。手段-目的分析法更为复杂，因为通常在我们现有的状态与目标之间会有多种差异，而不是一种差异。我要去听课，却忘记带本子和笔，要解决本子和笔这两个差异，才能在课堂上记笔记。我发现身上带着几角钱，于是就产生了买纸和笔的活动。但是，买了纸后再买笔，钱又不够用了，这时我就发现自己做错了，于是又把纸退了，用退了纸的钱去买笔，买过笔再用剩下的钱去买纸。解决问题中出现多种距离和差异的情况是常见的。我们解决了第一步问题，然后再解决第二步问题，可是在解决第二步问题时，第一步问题又出现了。因此，为了更好地运用手段-目的分析法解决问题，就需要有解决问题的结构。

我们要解决一个有 a、b、c、d 四种差异的问题，可以有四种操作方式。我们用操作与差异的联系来表示“手段-目的”的结构关系（见图3-4）。我们凭以往的经验知道，用第“1”种操作可以排除“a”的差异，于是我们就在相应的交点上画一个“×”号。但“1”同时还解决了“c”的差异，那么再在“1”与“c”的坐标交点上画一个“×”号。以此类推，操作“2”能解决“a”和“b”两种差异；操作“3”能解决“a”、“b”和“c”三种差异；操作“4”则能解决全部四种差异，我们也都在相应的坐标点上画上了“×”号。从图3-4中我们很容易看出，第“4”种方法要最先使用。因为用“4”法解决“d”时会使“a”“b”“c”三方面的差异也发生变化；而使用“3”法时可以保持“d”问题不变；使用“2”法时可以保持“c”和“d”

	a	b	c	d
1	×		×	
2	×	×		
3	×	×	×	
4	×	×	×	×

图3-4　操作与差异的联系

都不变。这样由“4”→“3”，由“d”→“a”地逐级解决问题的方法是最适当的方法，它不会由于下一步的进行又引起其他新的困难。我们可以看出一个规律，解决这类问题的方法在联系图上必须具有三角形的结构。

解决魔方的问题也是如此，不过魔方的联系图结构不是三角形的。玩魔方时，我们可以先把其一面完全变成单色，比如先把第一面变成白色，然后再想办法把其他几面分别变成红的、黄的等等。这里的问题是，在变第二面时不能破坏第一面；变第三面时不能破坏第一、第二面。我们也可以用手段-目的分析法来解决这个问题。使用这种方法我们在变第二面时，可以破坏第一面，但只是暂时的，还要很快地恢复第一面的全白色。事实上，这种一面一面地解决的方法不一定是最好的方法。先把一面弄成全白色未必就离最终解决全部魔方的目标更近。这是个慢的方法。我们最好能用更简单的方法，从整体上来考虑如何把魔方恢复为六面单色。为了学会这种整体性的动作，或者说是“宏观动作”，我们不如买一本魔方解答指南一类的书，从中学会这种“宏观动作”。这种“宏观动作”的结构在联系图上还是三角形的，但这时每个“宏观动作”单位不是原来的一个动作，而是一系列的动作，包括暂时破坏某一面又将其恢复的过程。

这种解魔方的宏观方法，平时我们就称其为“计划”。如果我们要在较大的问题空间中搜索，在我们所要搜索的每一个节点上都有多种通路（见图 3－5），如有 b 条通路。从起点出发要到达目的地，先要从 b 条通路中选一条。如果选对了，就到达了下一个节点；再从 b 条通路中选一条，若是选错了，就要退回重走。从问题空间的起点到达目标所要走的路程的长短，取决于搜索空间的大小与分支的多少。可用公式 b^l 表示，其中 l 代表要走多少步，即有多少个节点；b 代表分支的数目，达到目标要走 b^l 次。例如，一个问题的解决有 4 条分支，达到目标要走 10 步（即有 10 个节点），那么要走 4^{10} 次才能保证达到目标。若想把 4^{10} 的次数大量减少，就要用第二个方法，进行选择性搜索。根据过去的经验把那些显然行不通的方案淘汰掉，这就可以减少很多次尝试，较快地达到目标。假若我们可以缩短距离，把 10 步减少几步，那就把尝试次数从 4^{10} 降低到 4^8 或 4^5。具体做法是合并几步为一个大步子，而把一些细节部分忽略

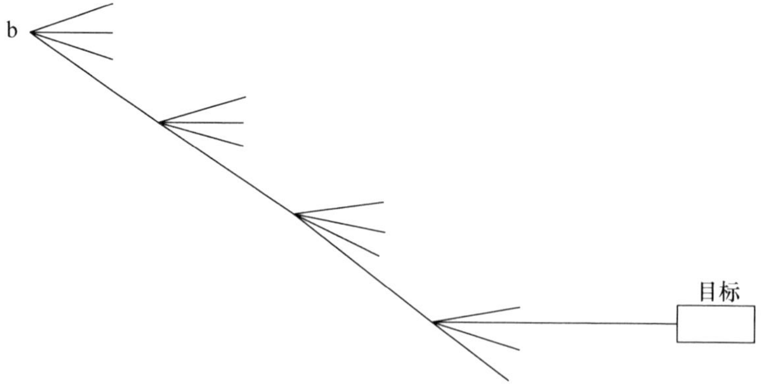

图 3－5　达到目标的分支通路

掉。这种大步显然更抽象了。但是，正因为有了这种抽象并且忽略了一些细节，我们就能以较少次数的尝试达到目标。当大的步子解决了之后，我们可再放入那些细节，附带地加以解决。正如一个设计师设计一座大楼时，他并不是先设计窗户上的把手，而是先设计大楼里有多少房间；把房间设计好了，他再进一步设计房间的内部。这不是减少问题的分支，而是把不重要的步子跨过去。在解决问题之前进行设计，这就是“计划”。

我们可以举一个逻辑学上的例子来说明如何进行计划。例如我们要将

$$R \cdot (\neg P \supset Q) \cdots\cdots \text{上式}$$

变为

$$(Q \vee P) \cdot R \quad \cdots\cdots \text{下式}$$

我们可以依据一系列逻辑规律来进行变换。在本例中可用的变换规则有三个：

1. $(\neg P \supset Q)$可以变换为$(P \vee Q)$
2. $(P \vee Q)$可以变换为$(Q \vee P)$
3. $R \cdot (Q \vee P)$可以变换为$(Q \vee P) \cdot R$

我们通过手段-目的分析法，利用这三个变换规则，通过三步就将上式变换为下式。对于这个简单的问题的解决，也可以

事先做一个计划来使解决过程更为简化。如果我们忽略细节，不看“⊃，∨，·”符号，那么只要有两条规则就可以完成以上变换了。一条规则是，只要存在X与Y的顺序关系，均可倒为Y与X的顺序。如将P先Q后倒为Q先P后，R先（Q∨P）后倒为（Q∨P）先R后。这样，原先的“2”“3”规则可并为一个总的规则或操作方法。如果我们事先作出计划（计划空间），忽略细节，就可把原来的三步省为两步。也就是说把“l”这个指数从3降为2。

从上题来说，我们只减少了一步，似乎意义不大。但是对一个从开始到目标有很多步子的长距离的复杂问题，如果我们能忽略细节，在计划空间中少取几个点l'，使$l' \ll l$，那就可以节省很多时间了。当然，在用简化法得出结果之后，我们还需把原先忽略掉的细节补进去。当回过头来解决这次一级的小步子时，问题可能是很简单的，我们已有实验证明了这一点。总之，只要被试是聪明的，他就能用上述方法把大问题变为小问题，而这时的小问题又比较容易得到解决了。

为什么有些问题容易，有些问题困难，即问题难度的基础是什么呢？问题的搜索空间大，可能就困难。国际象棋的棋盘只有64个格，这个搜索空间包括10^{120}种可能性。但是，这样的问题并不太难解决。不能仅从表面上搜索空间的大小来判断问题的难度。有些问题看上去不大，可是很难解决，例如五个圆盘的河内塔，搜索空间只有 243 种可能性，但要实现这 243 种可能性，大约有 10^{16} 条路线。所以解决这个问题并不容易。

心理学教科书中时常引用的画 4 条直线通过 9 个点的问题图（见图 3－6），看起来容易，做起来却很困难。这个题可采取的搜索树的分枝并不多，但人们考虑问题时却往往忽略某种可能性，即为了解决这个问题，解题人所画的直线一定要超出这 9 个点所形成的正方形，否则就无法解决。尽管出题的人并没有限制解题者和禁止他超越正方形，但解题者却常常自己限制了自己，他没有考虑到利用某种算子来解题，因而使问题变得很难。

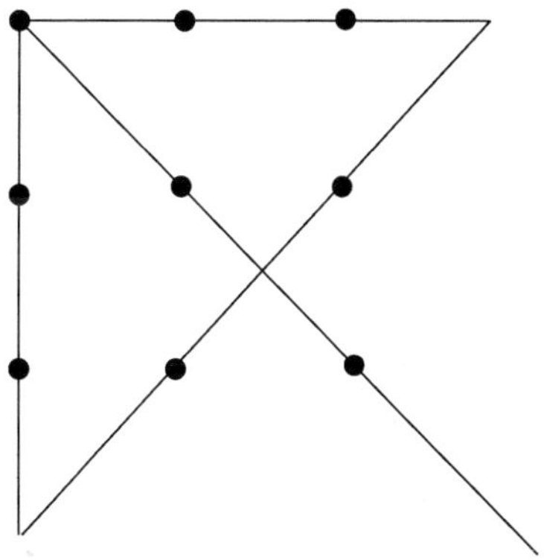

图 3－6　4 条直线通过 9 个点的题解

书生和野人的问题也属于这类问题。题目是这样的：有三个书生和三个野人走到河边，河里只有一条渡船，而且至多只能乘两人。现在问应该怎样使用这条船将三个书生和三个野人渡到对岸去。解决这个问题有一个条件，即无论在船上还是在岸边，书生的人数都不得少于野人，否则书生就要被野人吃掉。

解决这道题的方法分如下几步（见图 3－7）：

（1）两个野人先过河。

（2）一个野人划船返回。

（3）然后再过去两个野人。

（4）一个野人又划船返回。

（5）两个书生一起过去。

（6）为了进一步解决问题，现在要走关键的一步，就是要有一个书生和一个野人划船回来。只有想到这一步，以后各步才能顺利进行。

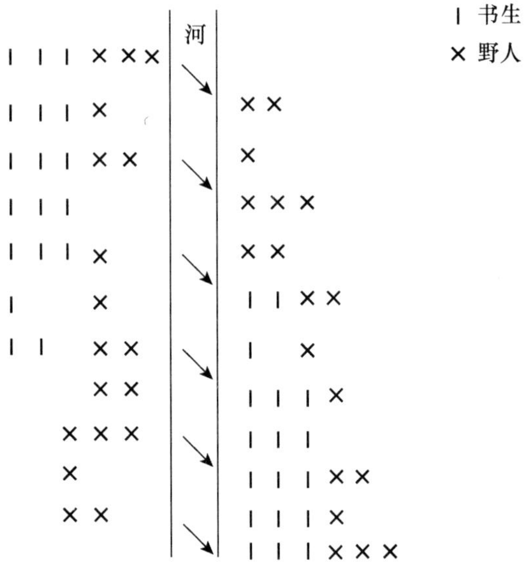

图 3－7　书生与野人过河方法

这个问题是不容易解决的。一位大学教授在一刻钟内也常常解决不了，除非他能认识到，尽管目的是尽量向对岸摆渡更多的人，使他们全部过去，但是也允许两个人划船回来，问题才容易得到解决。这样的问题的搜索空间并不太大，关键是在第六步两个人划船回来。由于一般很难想到两个人划船回来这一步，所以问题就变得很难。

不能正确地用视觉形象把问题加以表征，有时也是使问题难以解决的原因。现在以覆盖残缺的国际象棋棋盘的问题为例。棋盘有 8×8=64 个格（见图 3－8）。假定有 32 个长方形棋子，每个棋子的大小相当于两个格的面积。显然，32 个棋子可以盖满 64 个格。若砍去对角的两个黑格，那么试问能否用 31 个长方形棋子把所有剩下的 62 个格盖满?

这个问题似乎只要反复尝试，总有一天可以得到解决。而实际上这一天是永远也不会到来的。如果我们用另一种方式来考虑问题，那么问题就会变得非常清楚了。我们可以从几何学的角度来思考要覆盖的究竟有几个黑格、几个白格，这样问题就很容易了。棋盘砍去两个角后，剩下 32 个白格和 30 个黑格。每一个长方形棋子显然只能盖住一黑一白两个方格。若 30 个黑格被盖住，必然也有 30 个白格被盖住，那么剩下的两个白格就没有办法被盖住了。因此，这个问题不用多次尝试就能看出它是无解的。

从以上几个例子我们看到，在解决问题的时候，通过手段-

图 3-8 覆盖残缺棋盘的难题

目的分析法，可以缩小目标和当前状态之间的差异，减少步子，缩短距离，使问题容易得到解决。但是，我们不能只用搜索空间的大小来确定问题解决的难易程度。由于人们的思维习惯，考虑问题时忽略了某种可能性，没有想到某一似乎背离目标而实际是接近目标的步子，或者不能很好地利用形象的表征能力，都能使本来容易的问题变得很困难。

问题解决的策略

生物学家，特别是遗传学家，总是用少数几种生物来进行实验，如果蝇、细菌等。这是因为科学家集中用少数几种有机体或昆虫做实验，可以从中得出系统的知识，然后再扩大应用到其他有机体上。同样，在心理学的研究中，我们也经常用标准化的课题来做研究，对问题进行深入的了解，在这个课题上积累知识。老一辈心理学家经常用无意义音节作为记忆实验的材料，在这里无意义音节就相当于果蝇。最近几年河内塔和下围棋又成为心理学家的“果蝇”了。有人提出疑问，研究下围棋、解决河内塔问题到底有什么意义？可以肯定，这类问题本身并没有多大重要性。但是，我们可以通过这方面的研究积累知识，去解决更重要的实际问题，如教学生学会解决数学问题，或用这种能力解决其他的一般问题。两个学生都能解决同一个问题，但他们用的方法可能不同。有些解题方法容易应用到解决其他问题上，另一些方法就不容易。因此，我们不仅要关心问题的解决结果，而且要关心解决问题的方法。不同的人可以用不同的方法去解决河内塔的问题，我们可以提出五种解决河内塔问题的方法，它们有不同的知觉、记忆活动，应用了不同的技能和策略。

一种解决问题的策略是内部指导的策略，即在短时记忆中已经有了一些信息，以这些信息为指导而达到目标。这就是说被试用内部已有的信息，而不是用外部的信息。另外一种策略叫作刺激指向的策略，或刺激引出的策略。这种策略是被试用感觉器官感知到当前的情景或刺激条件，然后引出下一步应该怎样做。在第一种情况下，主要靠内部短时记忆已经存储的信息来指导解决问题的行为顺序和行为模式。第二种情况是根据外界刺激及其引出的反应来解决问题，即一个刺激引起一个反应，再来一个刺激又引起另一个反应。

四种不同策略

1. 目标递归策略（goal recursion strategy）。

我们举一个例子来介绍内部指导的策略，这种策略叫“目标递归”策略。假定桌子上有五本书，这就是一个河内塔。为了叙述方便，我们用 A、B、C 分别代表左、中、右三个位置。这五本书从小到大的顺序为 1、2、3、4、5。同时我们又把 k 本从小到大摞起来的书叫作“金字塔”（k），记为 PYR（k）。任务是将这五本书从 A 挪到 C（见图 3－9）。根据规定的条件。中间 B 可以暂时存放一些书。我们可以这样做：

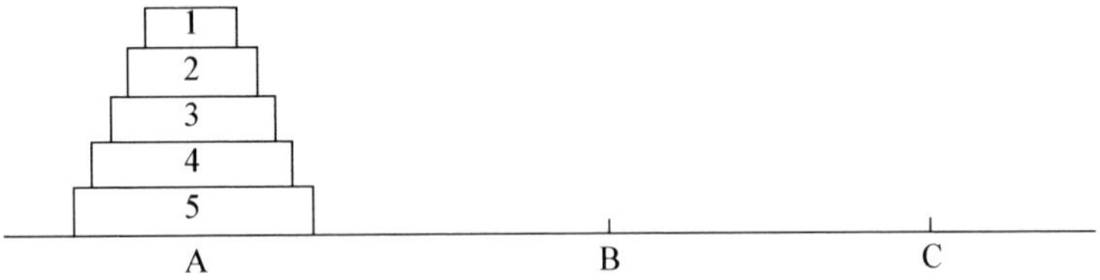

图 3－9　用移书表示的河内塔问题

首先，移动较小的那四本书到 B；然后再把最大的那本书移到 C；最后把 B 的四本书移到 C，放在那本最大的书上面。

这样我们只需考虑三个步骤。我们把所有的书（k 本）由 A 移到 C 所采用的策略是：首先将去掉最大的一本书（k）后所留下的 PYR（$k-1$）由 A 移到 B；然后将 k 由 A 移到 C；再将 PYR（$k-1$）由 B 移到 C：

要移动 PYR（k）　　从 A 到 C

要移动 PYR($k-1$)　从 A 到 B

要移动　　k　　　从 A 到 C

要移动 PYR($k-1$)　从 B 到 C

这不是合法的解决问题的方法，因为规则要求我们一次只能移动一本书。为了遵守规则，必须一本一本地将 PYR（$k-1$）从 A 移到 B。我们仍可采用上述的方法，只不过是要一步步地移动。要把 PYR（$k-1$）由 A 移到 B，我们可以把 PYR（$k-2$）由 A 移到 C，再把 $k-1$（这里 $k-1=4$，即 4 本书中最大的一本）由 A 移到 B，然后再把 PYR（$k-2$）由 C 移到 B。这时只需考虑移动三本书的问题了。为了把 PYR（$k-2$）=PYR（3）由 A 移到 C，只要把 PYR（2）由 A 移到 B，再把 3 由 A 移到 C，然后把 PYR（2）由 B 移到 C。要把 PYR（2）由 A 移到 B，只要把 PYR（1）=1 由 A 移到 C，再把 2 由 A 移到 B，再把 1 由 C 移到 B。这样，每一步我们都采用相同的策略。为了移动整个金字塔，我们先移动次大的金字塔；为了移动次大的金字塔，我们先移动比它再少一本书的金字塔，再移动次大的一本书，然后移动剩下的金字塔……这样下去，直至我们只需要移动一本书为止。这样我们就可以写出计算机的程序了。

计算机的程序采用循环式方法，为解决移动五本书的问题，我们先解决移动四本书的问题；为解决移动四本书的问题，我们先解决移动三本书的问题；为解决移动三本书的问题，我们先解决移动两本书的问题；为解决移动两本书的问题，先解决移动一本书的问题。

如果我们把第 k 本书由 A 移到 B 的动作记为 M（k. A. B），整个解决问题的过程如下：

M(1. A. C)；M(2. A. B)；M(1. C. A)；

M(3. A. C)；M(1. B. A)；M(2. B. C)；

M(1. A. C)；M(4. A. B)；M(1. C. B)；

M(2. C. A)；M(1. B. A)；M(3. C. B)；

M(1. A. C)；M(2. A. B)；M(1. C. B)；

M(5. A. C)；M(1. B. A)；M(2. B. C)；

M(1. A. C)；M(3. B. A)；M(1. C. B)；

M(2. C. A)；M(1. B. A)；M(4. B. C)；

M(1. A. C)；M(2. A. B)；M(1. C. A)；

M(3. A. C)；M(1. B. A)；M(2. B. C)；

M(1. A. C)。

这种策略是内部指导的目标递归策略。我们不必用眼睛看具体的东西，只是把内部目标记在脑子里，就可以一步步循环，最后解决问题。这种策略使短时记忆承受了相当重的负担，因为我们必须在记忆里保持“最终的目的是什么”，“下一步应该移动什么”，“现在走到哪一步了”等等。

2. 知觉策略（perceptual strategy）。

知觉策略依赖于外界刺激，是刺激指向的策略。我们的目的是将最大的一本书移到目标位置上，而我们看到最大的一本书还没在目标位置上。在进行这种策略的操作时，脑子不必记住目标在哪里、下一步应该移动什么。因为我们可以用眼睛看到这一切。假如刺激改变了，视觉可以告诉我们情景与目标的关系。在这个策略里，我们的目标始终是把下一本没有在 C 上的最大的书移到 C：

目标:将最大的书移到 C

假如我们所处的情境是：1、2、4 这三本书在位置 B 上，3、5 这两本书在目标 C 上（见图 3－10）。现在的目标是把 4 移到位置 C 上。按照规则，由于两个原因我们不能直接把 4 移到 C：第一，4 上面压着两本书，我们一次只能移动一本书；第二，目标位置 C 处，5 的上面有比 4 小的 3，我们不能把较大的 4 压在较小的 3 上面。怎么办？我们必须排除起阻碍作用的书，那么应该先移走 2 还是 3？当然，如果要移走 2，还要先移走 1。最好的方法是建立一个目标——移开最大的障碍：

目标：移开最大的障碍

因为最大的障碍是第 3 本书，因此我们应先移走 3。假如 1 和 2 在 5 的上面，3 在 4 的上面，根据目标我们还是先移走 3，因为 3 是起阻碍作用的书中最大的一本。当我们把 3 从 C 移到 A 以后，还是不能直接把 4 移到 C，因为 1 和 2 在 4 的上面，这时 2 是最大的障碍，所以现在的目标是移走 2。但是 1 在 2 上面，我们不能马上移走 2，这时 1 又成了最大的障碍。于是，我们的新目标是移走 1。实际的做法是 M（3. C. A）；M（1. B. C）；M（2. B. A）；M（1. C. A）；M（4. B. C）。

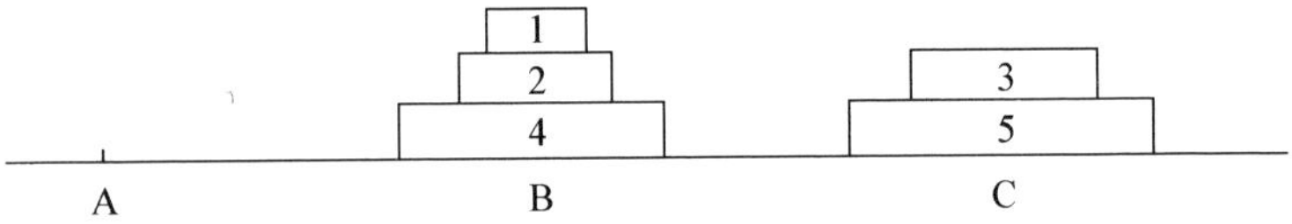

图 3-10　书本的起始位置示意

在操作过程中如果有另外一件事情吸引了我们的注意，那么，在注意完那件事后，我们可以再回过来注意河内塔任务。我们随时都知道目标在哪里，因为我们采用的是知觉策略，可以用眼睛看见目标。如果我们用内部指导策略，当外面的刺激分散我们的注意后，就不知道目标在哪里，就很难想起下面该走哪一步了。另外，我们还必须明确解决课题的规则，否则在操作时就会发生混乱。例如，如果我们在建立目标时没有明确说明要把下一个最大的障碍排除，而只说把下一个障碍除掉，那么被试就可能作出许多错误的动作，他不是移动最大的障碍，而是移动任何一个障碍，这样课题就不能得到解决了。

3. 模式策略（pattern strategy）。

模式策略也是一种内部指导的策略，这个策略没有目标的问题。在解决问题的过程中只有几种可能的动作：

（1）最小的一本书总可以向任何方向移动。

（2）可以把没有被最小的书挡住的次小的书移到另一个地方。

因此，为了合法地解决问题，我们就要采用与可能的动作相适应的规则。一条规则是：在我们移动最小的一本书以后，下一步不要把这本书挪回到原来的位置上。即我们可以按 A→B、B→C、C→A、A→B……的顺序，或按 A→C、C→B、B→A、A→C……的顺序来移动最小的一本书。另一条规则是：在第奇数次移动时，总是移动最小的那本书；而在第偶数次移动时，则总是移动除最小的那本书以外的书，但实际上这时能够合法移动的书只有一本，合法的动作也只有一种。例如，为了移动第五本书，如果我们是按 A→C→B→A……的顺序移动最小的一本书的话，那么第一步我们要把最小的一本书由 A 移到 C，而第二步则只能把 2 由 A 移到 B，第三步将 1 由 C 移到 B，而第四步则只能将 3 由 A 移到 C。此后是将 1 由 B 移到 A，将 2 由 B 移到 C……照这样下去，我们就能把五本书都合法地移到 C。这个移动过程的进行顺序可以编成一个押韵的简谱：

1213|1214|1213|1215|1213|1214|1213|121

还有一条解决河内塔问题的通用规则：当河内塔的书的总数为奇数时，第一本书，也就是最小的那本书，要按 A→C→B→A→C→B→A……的顺序移动；当书的总数为偶数时，第一本书则要按 A→B→C→A→B→C→A……的顺序移动。只要按照上面的模式，不用记住目标和步骤就可解决任何数目的河内塔问题。

4. 机械记忆策略（rote memory strategy）。

这种方法是把做对的一系列步骤死记硬背下来。解决上述河内塔问题总共只有 31 步，我们可以努力把所有的移动步骤背下来。但是，我们虽然背会了，也只会解决五本书的问题，而不能解决四本书或六本书的问题。而目标递归和知觉策略可以解决任何册数的书的问题。采用模式策略，也可以推广到书的总数多一些或少一些的情况。例如，在四本书的情况下，只要取上面模式中 121312141213121 这部分即可。在总数为六本书的情况下，只要在前面讲的模式后面加上 6，然后再把 6 前面的模式重复一遍即可。人们学会曲调模式要比死记硬背容易得多，原因在于记曲调模式的组块要比机械记忆的组块少得多。

四种策略的差别

我们用这四种策略教不同的人去解决同一个河内塔问题，他们都能做对。这四种策略有以下的差别：

1. 学习时间。

某些策略所用的学习时间短，另一些策略学习时间长。前三种策略要比第四种策略用的学习时间短。

2. 对记忆的要求。

如果不让被试看河内塔，也不给他纸和笔画河内塔，而让他用目标递归策略解决只有少数圆盘（三四个）的河内塔问题，他是能够解决的。但是，圆盘的数量再多时，就比较困难了。因为用这种策略解决问题时，要在头脑里记住总目标与分目标，并注意解决的进程。在这里，问题的难度与对象的数量按线性增长。在知觉策略中，不论有多少圆盘，只要记住长久目标和移动最大的障碍，最后都可以达到问题的解决。模式策略中，短时记忆不需要记任何东西，只要把简谱曲调记在长时记忆中，就可以解决问题。第四种策略则要把所有的信息都保持在长时记忆中。

3. 回忆。

回忆就是学会一种方法后，经过一段时间再把它复述出来。

在记忆中，具有某种图式的内容容易被记住。前三种策略有一定的图式或模式，因而较第四种策略容易记住。

4. 迁移。

迁移就是用已学到的方法解决类似的新问题的能力。前两种策略可以用于解决圆盘数更多或更少的河内塔问题。第三种策略稍加修改也容易迁移到新的情境中。第四种策略是不容易迁移的。因此，当我们在教学生某一门课程时，应教给学生最好的策略，使学生学习的时间最短，不给短时记忆造成太大负担，可以长期保持，同时又容易迁移到新的情境中。

不同策略的作用

格式塔心理学家卡托纳（Katona）用解谜的方法研究了不同策略的作用。只允许被试动三根火柴把图 3－11 中的五个方块变成四个等大的方块。他给三组被试不同的指导：

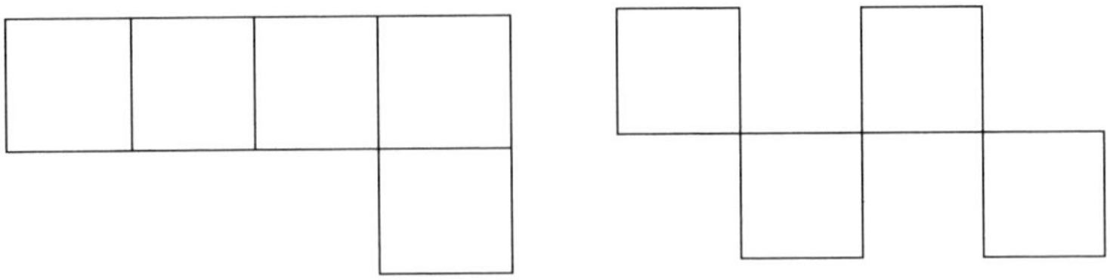

图 3－11　火柴问题

（1）机械学习：告诉被试移动哪几根火柴，让他硬记，而不加任何解释。

（2）给予解释：告诉被试其有 16 根火柴，如果每根都成为方块的一条边，那就可以组成四个方块。在这里 16 根火柴之所以能组成五个方块，是由于有些火柴作了两个方块的公用边。要解决这个问题应使每根火柴只起一条边的作用。这个解释容易使人迷惑，因为应该挪动的三根火柴并不是起公用边作用的，而是起单条边作用的火柴。但是挪动了这三根起单条边作用的火柴可以消除起公用边作用的火柴。

（3）给予暗示：启发被试说“因为五个方块在一起太挤了，所以才使得某些火柴起到双重功能的作用（公用边）。要解决这个问题，就要使这些方块分散开”。

被试所用的这三种方法都不需要很多的短时记忆。虽然三种方法的策略不同，但被试最后都能解决谜题。卡托纳把问题稍微做了修改，如图 3－12 所示。

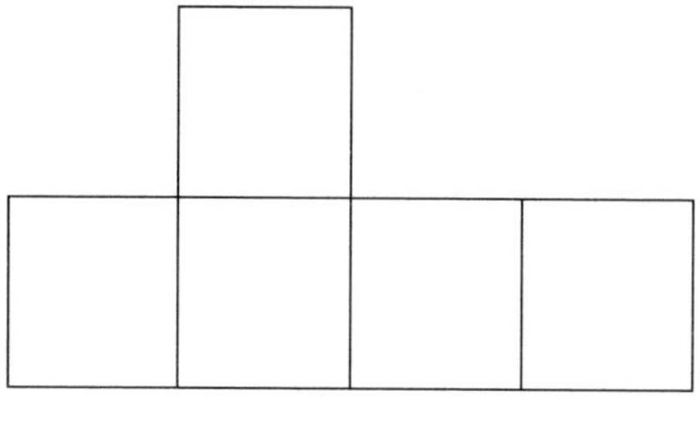

图 3－12　火柴问题的变式

在这种情况下，先前用机械学习方法解决问题的被试，现在就遇到了很大的困难，而用后两种方法的被试，特别是用第三种方法的被试，却很容易解决问题。

这可以从河内塔问题的讨论得到解释。机械学习的方法是无意义的学习，记忆没有多余性，学会的内容难以保持。至于为什么第三种暗示启发的方法要比第二种解释的方法效果好，可能是后者告诉了被试火柴的单功能与双功能问题，反而把被试的思路引向火柴的功能本身，而不去注意最后的目标。暗示启发的方法最有效，当告诉被试方块太集中，需要散开，就是说需要破坏原有的结构，移动几根火柴使各个方块离开远一些，这样就接近达到最后的目标。

这一类的研究对于教育是有意义的。我们要让学生知道，用不同的学习方法会得出不同的结果。我们不仅要教会学生怎样解决问题，而且要教他们使用较好的方法解决问题。因为即使使用机械学习方法的学生，他也认为这样就可以学会了，他以后总是用这种方法学习。这对于保存知识和把知识运用到新的情境中去是不利的。

问题解决策略的产生式系统

下面讨论目标递归策略和知觉策略的产生式系统，以及用这两个策略的产生式系统来模拟人的行为的计算机程序的问题。

目标递归策略仅需如下四个产生式就能解决问题。

GOAL RECURSION

P_1 G=M(*k*. C)→M(*k*. C)，REMOVE(G)

P_2 G=MPYR(1. C)→M(1. C)，REMOVE(G)

P_3 G=MPYR(*k*. C)

→REMOVE(G)

STORE[G=MPYR(*k*−1. O)]

STORE[G=M(*k*. C)]

STORE[G=MPYR(*k*−1. C)]

P_4→STORE[G=MPYR(N. GOALPEG)]

产生式是存在短时记忆中的信息，即要达到的目标与分目标。产生式右侧是相应的动作。程序中的第一个产生式是：如果在短时记忆中的目标是移动第 *k* 本书到位置 C，那么相应的动作就是将第 *k* 本书移到 C，并从记忆中去掉这个目标。第二个产生式是：如果目标是将仅由第一本书构成的金字塔移到 C，那么就把第一本书移到 C，并从记忆中去掉这个目标。第三个产生式是整个方法的核心，如果在短时记忆中的目标是把由 *k* 本书（*k* 可以是 5、4、3、2）构成的金字塔移到位置 C，相应的动作是从记忆中去掉这个目标，而存入三个新的目标：

（1）将由 *k*−1 本书构成的金字塔从原来的位置移到除 C 以

外的另一个位置。

(2) 将第 k 本书移到 C。

(3) 将由 $k-1$ 本书构成的金字塔移到 C。

这种方法会给短时记忆造成很大的负担，因为每执行一个产生式都从短时记忆中去掉一个目标而存入三个新目标。最后的产生式是存入总目标，即把整个金字塔移到 C 的位置上。

为了理解上述产生式系统，我们可以按照这个产生式系统，像计算机一样，把整个过程执行一遍，并用纸记下每一步存入短时记忆的东西，核对一下目标是否都写进去了，短时记忆中的每一步是否都完成了。如果我们完全机械地按这些产生式规则动作，就可以解决河内塔问题。

当执行上述三个产生式时，它们的动作不是对外部世界发生作用，而是对内部信息进行安排。第一个和第二个产生式是根据目标执行动作，第三个产生式是产生新的目标。这种方法是内部指导的，因为三个产生式都没有使用外部的信息，它们只是使用了短时记忆中的内部信息。这是目标递归策略的产生式系统。

下面介绍知觉策略，其产生式系统如下：

PERCEPTUAL STRATEGY

P_1：S=SOLVED→HALT

P_2：S=DONE→REMOVE GOAL

P_3 ：S=CAN,G=M(*k*. A)

→M(*k*. A),REMOVE GOAL

P_4 ：S=CAN'T,G=M(*k*. A)

→FIND LARGEST BLOCKED

SET GOAL M(BLOCKED. O)

P_5 ：GOAL M(*k*. A)→TEST[M(*k*. A)]

在知觉策略中，短时记忆存储两种信息，一种是关于当前目标的信息（在这种策略中，同一时期只有一种策略）；另一种是眼睛接受当前的刺激所得到的信息。上面的第一个产生式：如果我们看到所有的书都已经到达目标位置，就可以在短时记忆中存入“问题已经解决”这个信息，过程将中止。第二个产生式：如果我们短时记忆中的目标是把最大的一本书移到某位置，而我们看到这本书已经在那里了，此目标的动作已经完成，于是这个目标就从短时记忆中取消掉。第三个产生式：如果短时记忆中的目标是将第 *k* 本书移到 A，同时又看到我们能够合法地做这个动作，在短时记忆中存入“这个动作是可以做的”这个信息，于是就进行这个动作，并取消目标。第四个产生式：在短时记忆中已经有把第 *k* 本书移到 A 的目标，但是由于在 *k* 上面有其他的书挡着，不能做“这个动作”，因而就要把这个信息存入短时记忆。这时就提出一个新目标：移走最大障碍。为了移动整个系统，此后还需要其他相应的产生式。第五个产生式：当提出要移动第 k 本书到 A 的位置时，就去移动 k 到 A。

在解决整个问题的过程中，最重要的一点是，我们怎样得到“问题已经解决”、“目标已经达到”、“这个动作可以做”或“这个动作不能做”的信息，这些信息又是怎样被存到短时记忆里的。我们是通过观察这些书的情况，来检查是否能完成每一个目标的。

实际上，这里只有两个问题：一个是目标是否已经完成了，另一个是我们能否做下一步。如果我们有了目标，但不知道能否实现，那么就应观察客观刺激的当前状态，以取得短时记忆中还没有的信息，指导下一步的动作。所以，以上的产生式系统可以归结为三个产生式：

$$\text{TEST}[\text{M}(x.\text{A})]: \begin{array}{l}\text{DONE}\\ \text{CAN}\\ \text{CAN'T}\end{array}$$

整个系统的操作可以分成两部分：动作的执行和从外部获得新信息。这些部分构成短时记忆的信息通路（见图 3-13）。

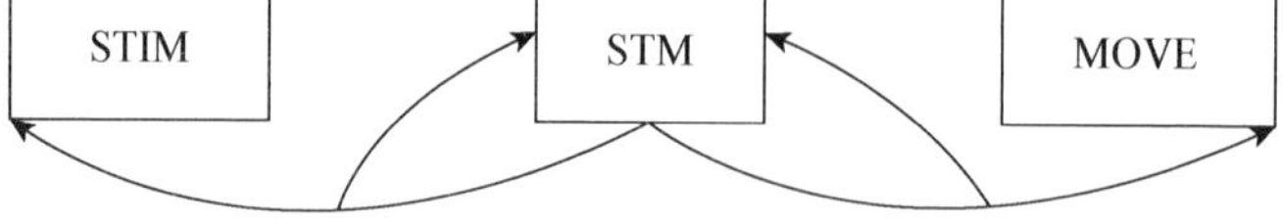

图 3-13　产生式系统的信息通路

在这个系统中，主要是短时记忆中信息的操作：哪一步能做，哪一步不能做；排除一个目标或树立一个新目标；或者执行一个动作。整个系统的中心部分是短时记忆，当短时记忆的信息不够用时，可以从外界刺激中增加新的信息，使得操作能够进行，产生动作。

通过介绍目标递归策略、知觉策略、产生式系统和过去介绍过的 EPAM 辨别系统，我们可以粗略地了解如何用计算机模拟人的思维。我们从心理学的角度研究人类信息加工过程，利用人类思维过程的心理学理论建立一个产生式系统，以此用计算机模拟人的思维。

我们要考虑两个概念：解像力（resolution power）和微粒大小（grain size）。这两个概念都是摄影技术的术语。我们用照相机照相时，假定外界对象非常细致，而照相机镜头质量不够好，外界物体的像通过镜头就会丢掉信息，照出的相片不会很清晰，我们说这架照相机镜头的解像力较差。或者，如果我们用的胶卷的微粒太大，外界物体的细节也记录不到底片上。因此我们用计算机编产生式程序模拟人的思维活动时，程序写得越周密，就越能细微地模拟人的思维活动。

例如，目标是要把最小的书挪到 A 位置，人作出决定到完成这个动作需要一两秒。程序的下一步是把第一个目标排除掉，换成新目标，可能需要三四秒。我们写一个产生式描述这个行为，它的解像力应能分析出 1～5 秒内的活动。它的微粒大小单位是 1～5 秒。产生式需要写得很细致才能描述 5 秒以内的细节。如果我们要写一个 EPAM 辨别系统程序，来模拟人的机械学习能力，这种产生式的操作需要 10～100 毫秒。为了描述 10 毫秒的细微活动，EPAM 程序必须编写得很细致，在辨别网络的节点上花很大力量。为了解决河内塔问题，我们只需描述到 5 秒范围内的活动。可见，EPAM 程序的微粒越细致，它的解像力就越强。根据我们所要描述的解决问题的细致程度和已有信息，我们可以建立一个细微粒、高解像力的系统，或是一个比较粗糙的大微粒、低解像力的系统。这正像原子物理学家所要建立的理论的解像力要达到十亿分之一秒的精度，而天文学家可能只要求达到以十年为单位的精度。

第四章
口语记录分析

口语记录指的是记录被试在实验时，对自己思维活动进程所做的叙述，或在实验之后，记录他对主试提问所做的回答。当人去学习一件全新的事物时，他所能报告出来的过程的完整性如何？

口语记录与内省

口语记录指的是记录被试在实验时，对自己思维活动进程所做的叙述，或在实验之后，记录他对主试提问所做的回答。

有几种不同的口语记录，一般是依据记录的时间来划分的。当时口语记录是指记录被试在完成任务过程中的言语表达，这种方法是我们在认知心理学中经常使用的方法。追述口语记录是在完成任务后，记录被试对自己解决问题时的内心活动作出的描述。还可以从另一个角度把口语记录分为有结构的和无结构的。我们给被试指定一个方向，让他口述关于这方面的心理活动，然后加以记录，叫作有结构的口语记录。有结构的口语记录可以是当时的，也可以是追述的。无结构的口语记录是事先不给被试任何指示或框框，让他描述自己的心理活动。认知心理学所搜集的口语记录主要是当时的，同时也是无结构的。

19 世纪末 20 世纪初冯特（W. Wundt）提出的所谓内省法是给被试一个明确的指示，让他报告自己头脑中的活动、形象或心理状态。在不同的实验室里用内省法得出的结果是不一样的。不同的被试又可以给出不同的报告，同时又没有核对报告是否正确的方法。所以内省法不是一个科学的方法。科学研究的一个基本前提就是材料必须客观，即不依观察者的观点为转移。科学研究的另一个前提是所得的结果可以重复，即在不同的实验室里所得的结果应该是一致的。客观性和可重复性是一切科学研究的基本要求。科学能取得如此巨大进步也是由于这两种基本要求。而内省法的结果既不客观又不能重复。遗憾的是心理学家常常把内省法和其他科学方法混淆在一起，因而多年来没有把口语记录法当作科学的方法。用口语记录法所做的实验报告要发表是很困难的。

尼斯贝特（R. E. Nisbett）和威尔逊（T. D. Wilson）曾在美国的《心理学评论》（*Psychological Review*）杂志上发表了一篇文章，批评用口语记录方法进行的研究。他们说，口语报告是不可靠的，不能反映行为的原因。这种批评是不恰当的，因为他们没有考虑怎样正确利用口语报告，也没有考虑到口语报告有不同的方式和不同的类别。人确实不能可靠地报告他的行为的原因，如果被试的口语报告可以成为行为的理论，那就不需要心理学了。因为心理学家的任务就是要解释人的行为。原子物理学家不会认为宇宙射线记录器会制造出一个宇宙结构的理论。宇宙射线记录器只能提供一些数据，物理学家依靠这些数据来建立理论。同样，被试的口语报告并不给出理论，它只是数据。但是这些数据却是理论的依据，通过这些数据可以建立理论。物理学家之所以能从宇宙射线记录器所得的数据建立理论，是因为他事先已经有一些关于辐射的知识和看法。同样，心理学家也可以用已有的知识，如信息加工模型，对口语记录获得的数据进行解释并提出或改进理论。

可能有人会提出意见说我们是在绕圈子，也就是说我们用口语报告去建立信息加工的理论，再用这个理论去解释口语记录。这并不是绕圈子，因为它们之间是一种螺旋式上升的关系。任何科学研究都要通过观察来建立一些理论，然后再用这个理论去解释观察到的现象。例如，观察天上的行星，我们要先有一些想法和基本假设：光是按直线前进的；利用这个假设通过观察来建立一个行星运动的理论；以后又通过新的观察得到新的数据，再修改这个理论。广义相对论的建立就是这样。根据广义相对论的观点，光不是按直线传播的，当光通过一个大质量的物体时，就沿曲线传播。我们经常根据观察的结果修改理论，同时也根据修改以后的理论进行新的观察。口语记录目前尚未被心理学家普遍接受，而其很可能是获得关于人的复杂心理活动知识的非常重要的方法。

口语报告的用途

口语记录是怎样进行的？下面介绍几种方法。

当时口语记录

主试给被试一定的指导语，如“现在要你完成一项工作，在从事这项工作时你要大声说出自己头脑里所进行的一切心理活动，而不要报告你进行每一步活动的原因”，即要求被试报告他在工作中所能注意到的事情。如果被试的口述中途停顿，主试应该提示他继续说下去。主试只能说非常一般的指导语，而不能给他规定说什么，或提示他用什么方式说出来。我们现在已经能够证明用这种指导语所得出的口语记录的意义。

1. 被试报告的是他在工作时短时记忆里的内容，即产生式系统。

如解决河内塔问题，在产生式系统中被试会报告他当前动作的目的——要移动哪一块圆盘：“我要把A棍上的圆盘移到C棍上去”；被试也会报告他的知觉策略，即他当时所看到的东西，并把这种知觉放入短时记忆里，如说“第三号圆盘正阻碍着第四号圆盘”，或说“我动不了这个，因为第三号正挡着第四号呢”。

2. 当被试进行口语报告时，口语报告本身并不影响他解决问题的进程。

例如，我们要求被试将两个很大的数字相乘：1 492×1 776，但并不给他笔和纸。我们让他在两种情况下做这个乘法运算：

一种情况是在运算的同时进行口述；另一种情况是不出声地进行运算。我们发现，用这两种不同的方法完成这一题目所用的时间是相等的；解决问题的路线，不论是用口语报告还是不用口语报告，也是一样的。因此可以认为，口语报告与不口语报告对问题的解决没有太大的影响。

3. 如果信息必须重新编码，口语报告则可能使信息加工的速度受到影响。

信息重新编码是指信息原来并不是以语言的形式存储在头脑内，而现在必须把它变成语言的形式表达出来。例如，在概念形成的实验中，呈现的不是语言刺激而是图形刺激，如圆形、方形、六角形等。当被试说"圆形在方形里边"时，他是把视觉图像进行语言编码后才说出来的。前面已经谈到，人类信息加工是系列的过程，即必须一个一个地进行，而不是同时完成的，这就延长了时间。但是，感觉的输入和动作的输出却可以与短时记忆的信息加工同时进行。因此，被试的口语报告本身并不影响短时记忆的活动。

4. 在完成知觉任务时，口语报告可能是不完整的。

以图 4-1 的数字排列游戏为例。这个数字谜除一个空格外，其余每个格子里都有一个数字。要求被试把数字按 1、2、3、4……的次序排列。解决这个问题的第一步是先把 1 移上去。被试的口语报告会是"我要把 1 移到上边去"，他可以立刻完成这一动作。由于他动作很快，所以不会报告得很详细。被试的报告是不完整的，这里实际上是一个再认的过程，信息可能没有存进短时记忆中去。我们在讨论 EPAM 程序时知道，再认并不一定需要通过短时记忆。例如，我走在路上看见一位老朋友，马上就会说出他是某人。我并没有详细地分析为什么认识他，而只是报告了再认的结果。再认的结果进入了短时记忆，但造成再认的各种条件则不一定在短时记忆中。在 EPAM 系统里，为了实现再认要进行各种检验，这些过程并没有在短时记忆中。因此，再认并不反映信息加工的具体过程，要从再认中了解解决问题的过程是不可靠的。

3		2
1	4	7
8	5	6

图 4-1　数字排列游戏

埃里克森（K. A. Ericsson）和我对过去关于口语报告的文章做了详尽的评述，写了一本书，名字叫作《口语报告分析》（*Protocol Analysis*）。

追述口语记录

1. 在追述报告时，被试并不是从短时记忆中提取信息进行报告的，因为追述时短时记忆中的东西早已消失了。

一个事情过去以后立即进行报告，是从短时记忆中提取材料，但是这些短时记忆材料以后是存储在长时记忆中。在进行记忆实验时，如果各种条件都很明确，我们就可以大概地估计出，有多少学习的东西被存入长时记忆了。

2. 在追述的口语报告中，被试所追述的内容除去已经记住的东西，可能又补充了一些东西，做了一些推论。

法律心理学研究了证人证词的可靠性问题。举一个例子，两个人为某一件事争吵起来，愤怒之下，一个人掏出手枪，开枪之后就跑掉了。当时许多人都在场，让这些人报告看见了什么，这些人会作出很不相同的报告。假如拿枪的人是朝某一方向开的枪，而另一个人是朝另一方向倒下的，这时仍然会有人报告说枪是朝倒下去的人开的。通常在这种情况下，人们会作出推理，即推论可能发生了什么情况，于是就按推理来报告。所以，人的记忆并不很准确。

在追述口语记录中，提问的方法十分重要。我们从大楼门口进来，最后走进教室里坐下来，这时很少会有人想我是从楼梯走上来的。但若别人问我们是不是从楼梯走上来的，我们会说是从楼梯上来的。我们是根据推理，即要上楼必须走楼梯来回答的。另外，我们也很难回答今天上楼梯时与往常上楼梯时有什么不同。这些都是我们在用追述方法时所遇到的困难。所以，在用追述法时，不能让被试报告很一般的情况，而要报告特定的东西。例如不能问“你平时吃饭吃什么菜?”而要问“昨天午饭你吃了什么菜?”

在工业管理心理学中这一点是很重要的。例如问一个工厂的经理，进行一项新的投资时他是怎样决策的，他可能给不出一个很明确的回答。这不是因为经理不想报告真实的东西，而是因为这个问题太一般化了，根据这个问题他只能报告一些通常发生的事情或应该发生的事情。假若提问人换另一种提法，就会得出不同的结果。例如问他“上一次最大的投资项目是什么?”然后再问一些具体的问题：“这个投资项目是怎样引起的?有哪些人参与了这次投资？你采用了哪些步骤实行这个投资?”等等。当然我们不能提示答案，如“这是你的想法还是分厂经理的主意?”等等。因为这样做实际上是提示了两种答案，而这两种答案可能都是错误的。

在运用追述口语报告时，所发生的事情越近，报告就越可靠，如果提问及时，问题提得恰当，通过对内容的分析也可以得到可靠的材料。心理学家进行了大量的关于追述报告的研究，但在追述的技术方面，还有待进一步完善。

再认与“不自觉的学习”现象的关系

不自觉的学习是意识不到的学习。问题是当人去学习一件全新的事物时，他所能报告出来的过程的完整性如何？对这个问题的一般看法是：假如这个学习过程是渐进的，并且被试注意到了其中的每一个阶段，他应该有可能记住这一过程，并能完整、准确地报告出来；假若这个过程中包含了再认的问题，即有对已熟悉材料的再认活动，那么他就不能把全过程一步步地报告出来。

许多年以前，麦尔（N. R. F. Maier）在密歇根大学做过一个著名的“绳子问题”的实验，德恩科（K. Dunker）也做过这类实验。他们报告说，在实验中被试不自觉地、无意识地学到了东西。绳子问题实验是在一间房子的天花板上悬下来两根绳子。被试的任务是把两根绳子的下端接在一起。但这两根绳子相距很远，被试拿到其中一根就够不到另一根了。这个问题对一般人来讲是相当困难的，时常是花费了好长时间也解决不了。这个问题的解决方法是：通常是房间里有一张桌子，上面放一些有一定重量的物品，如锤子、钳子或锯等。经过一段时间的思考和尝试，被试慢慢地会想起在一根绳子头上拴上一个工具，使这根绳子摆动起来，这样，他先抓住另一根绳子，等这根绳子摆过来时，他也就可以抓到了（见图 4－2）。若实验已做 5 分钟，被试仍想不出办法来，主试就进去故意碰一下绳子，使它摆动起来。另一个控制组不给摆动的启示，解决问题的时间要长得多。

图 4-2 “绳子问题”实验

有时被试看到绳子一摆，马上就找到了解题的方法。麦尔和德恩科称这种学习为不自觉的学习。因为被试后来报告说他未看到主试碰绳子，好像解题方法是他自己想出来的。仔细检查麦尔的报告会发现，这种情况都是在主试碰一次绳子后被试就解决了问题。如果主试不是碰一次绳子，而是碰了数次之后被试才能解决问题时，他就会说他看见绳子动了，并且绳子动提醒他这是一个摆，从而使他解决了问题。这种情况与上述再认理论是一致的。若主试只碰一次，被试并不会意识到他看到了提示，这是个再认问题，短时记忆里并无此内容。若主试反复碰了数次，才让被试意识到主试干了些什么，他才能把长时记忆中已存储的关于摆的经验提取出来，他也才会报告出他自觉地利用了主试给予的提示。

另一个这方面的实验是“拼字图”实验。例如，有人一看到“ORNNIGM”这个“词”马上就能把它转变为一个常用词“MORNING”，有人则不能马上解决，为了解决问题他要进行尝试。能马上解决字谜的一般都不能报告出他解决问题的步骤，因为这只是再认。经过反复尝试才解决字谜的人，则一般都能报告出各种尝试的方法。

另一种说明不自觉学习的实验是概念形成的实验。给被试一系列刺激，要求被试根据一定的规则对刺激加以分类。例如，刺激物是各种不同颜色、大小、形状的几何图形。主试可以事先假定所有的红色圆形都属于某个概念。其他图形，无论是形状不同或颜色不同，都不属于该概念。实验开始时，主试并不告诉被试确定该概念的规则是什么，只是每次指给他一个图形，要他尝试进行分类，即指出这个图形是否属于该概念，然后告诉他对或不对。经过一系列的实验尝试，被试就会知道该概念是什么了。问题是当被试最后得出正确答案时，他能否说出在分类时所利用的规则，或者这个规则是否已经存在于他的短时记忆之中了。实验结果指出，被试能够做对，但却不是都能说出主试所定的规则。主试发现，不能说出他所用规则的被试，即使做对了，也只是凭运气的猜测。可见，不懂得规则就不是真正的理解。

这种概念形成实验的另一种做法是在被试作出反应之前，主试就问他是用什么规则去解决问题的。就是说，先问被试以什么假设为依据来进行分类，看他在解决问题的过程中是否有一个普遍的、一致的规则。结果发现，在这种情况下，被试解决分类问题时，总有一个一般的假设，利用这一假设，主试可以预测被试将要作出什么回答。要求被试报告其假设的实验与不要求报告其假设的实验，在解决问题的速度上并没有什么差别。口语报告并不增加被试解决问题所用的时间。在心理学文献中，找不到说被试能应用规则解决分类问题却意识不到这些规则的证据。这也就表明了，凡是能被应用的规则都是被意识到的。

口语记录的分析技术

口语记录的分析要尽量客观化。在一般的心理学实验中不对被试的口语报告进行分析，是因为在这种实验中被试的报告具有很大的局限性，没有太大的用处。在概念形成的实验中，只要求被试对一个刺激情境说出“是”或“否”，分析记录时也只能简单地统计一下“是”和“否”的数量，这就没有对口语报告进行分析的必要。但是，如果让被试说出他想说的一切，那么，口语报告就会相当复杂，它会具有人类语言具有的那种丰富性。在这种情况下要分析被试的口语报告，就存在一个信度的问题，即不同的人分析同一个报告，是否会得出相同的结果，主试是否会将自己的意思强加到被试的报告中去。例如，主试在解释被试连加一系列数字的过程时，他很可能用自己的算法去代替被试的算法；打字员在把录音打成文字时，也常常会把录音中的错误改正过来。因此，在分析口语记录时要特别细心，以防止人为的改动。

分析口语报告时首先要把报告分段。分段的依据是句子的意思，所分的每一段都应有一个独立的思维主题，而不管这些句子是否都完整，是否都合乎语法。第二步是把口语报告用标准词汇加以简化。为了做到这一点，我们必须了解被试的问题领域。这就得先浏览一下整个报告，弄清楚被试在他的问题领域内是如何描述事物的，他的操作方法或算法是怎样的。实验前，主试可给予指导，让被试以特定的语言和方式来表达他的反应，以便更清楚地看出他的想法和做法。甚至还可以用录像记录被试在口语报告时的操作动作，以便于区分他的实际动作的表述和他心目中的目标的表述。至于什么是动作的表述，什么是目标的表述，这要以报告的语法和语义内容来做具体分析。这样就可以根据报告把被试的反应编制成符合一定编码的表达方式。但应注意，不要把口语报告中两个不同的东西在编码中混成一个东西。分析口语报告的细节程度要依赖于理论所要求的细微程度。在编码时吸取什么，忽略什么，要有明确的规定，这样才能使不同的人得到相同的分析结果。最好是由两个主试分别分析同一报告，然后再互相比较两个编码的异同。要注意两个主试各自的分段，编码的词汇和每一段的独立性，也就是使编码不受前后段落的影响。人的语言中有些词，如代词，脱离上下文就不知所指了，所以必须弄清楚指代关系。另外，为了防止主观任意性，可将分好的段落在计算机上随机呈现，然后进行编码。如果按段落顺序编码，要尽量一段一段分别编码，以避免先前段落的影响。主试只是在必要的时候，如为了弄清代词的指代，才去参考前面的段落。用这种分析方法可以得到丰富而详细的数据。我们可以根据人类信息加工模型来预测被试的具体操作过程，然后将模型作出的预测同被试的实际反应加以比较。用统计学方法计算模型与实际反应的相符性，程序的每一段算作一分。检查相符性的概率，看它是否超过机遇水平。如果只有50%得分，那么相符的概率就很低。考查相符的概率超过机遇多少非常重要，当然也不能指望有100%的相符。

以上说的是如何将口语报告分段，然后再逐段地进行编码。但是，有时我们并不要求非常详细的分析，而只希望对口语报告做大概的分析。这就不必分成小段单独编码，而只需将报告中的中心事件进行编码。什么是中心事件？解决问题有许多步骤，遇到困难时克服障碍所用的技巧和策略就是中心事件。事件之外的其他步骤不必给予过多的考虑。例如，大学生用乘法口诀做乘法就不是中心事件，在编码时就不必单独处理。因此，可以把整个过程分作几个中心事件，围绕这些事件进行分析，可以忽略其他细节。当然，这样也可能丢掉口语报告中的有用内容。

我们可以通过对口语报告的分析，了解被试解决问题时所运用的策略。研究发现，策略的运用有四个阶段：第一阶段，被试盲目地尝试，没有一个成型的策略；第二阶段，找到一个成功的策略，顺利地解决了一个步骤；第三阶段，遇到新问题时仍然使用原先的策略，但因情况发生变化，原先的策略已不再奏效；第四阶段，改变策略来解决新问题，从而取得成功。分析还发现，被试解决问题时所做的口述，一些看来似乎是偶然的、不连贯的话也有意义，它们反映了被试思维过程的逻辑关系。

分析口语报告可以借助于计算机的帮助，甚至可以完全依靠计算机来进行。沃特曼（D. A. Waterman）和纽厄尔两人已经利用计算机对口语报告进行了分析。编写分析口语报告的计算机程序是相当困难的。

半自动化的口语分析方法简称 SAPA（semi-automatic protocol analysis），这种方法是用计算机和人的分析相互补充。SAPA 方法包括两个步骤：第一个步骤是由人进行编码，先把口语记录大体上浏览一遍，提出一个初步的理论来说明被试是采取什么策略来解决问题的，也就是建立一个理论模型。这个理论模型应能预测被试的反应，例如提出被试解决热力学问题时所用的方程式，然后再用口语报告中的材料来检验这个理论模型，如用压力、温度等数据来验证热力学的方程式是否正确（见附录Ⅱ）。第二个步骤是用计算机显示一系列问题，由编码者进行回答，即进行人机对话。如果根据口语报告的材料不能回答计算机提出的问题，编制者就需要重新检验这个模型，对模型作出评价；如果模型不符合口语报告材料所遵循的路线，就得再去编制新的模型；如果模型与口语报告材料大致符合，那么就能用所建立的模型对口语报告进行分析。

沃特曼和纽厄尔设计的自动编码系统基本上是完全自动化的，只是在开始的时候还需要人进行编码。现在这个系统已不再需要编码的人去设想一个理论模型，而只需将问题范围确定下来，就可以由计算机自动进行分析。例如，在河内塔问题上，编码者只要指出这个问题是圆盘和棒的操作问题就够了。此外，程序中还应包含语法系统，使计算机能够接受自然语言并分析语言的意义。有了上述两个条件，即问题范围和分析自然语言的能力，计算机便能对口语报告作逐字逐句地分析。当然，要进行有效的分析，计算机还要能够处理代词之类的关系词，能够参照上下文的意义进行理解。问题范围确定计算应用的词汇，语法系统则能适用于任何口语报告，而不限于一个特定的问题。从原理上来说，沃特曼和纽厄尔的程序应能对广阔范围的问题进行编码，但实际上却还没有做到这一点。

可以做这样的比喻，沃特曼和纽厄尔的程序是一个富人的程序，它可以解决大量问题的编码；而 SAPA 程序是一个穷人的程序，因为它只能解决个别问题的编码。为了编制前一种程序需要进行大量的工作，而编制后一种程序就容易得多。所以用半自动化程序分析口语报告比较实用，虽然从长远来说，完全自动化的程序更有前途。

还有一种较为简单的口语记录分析方法，其特点是先确定问题范围，只注意一般的范畴，而不过多地深入细节。这个方法的基础是认为问题解决要通过几个阶段，因此可以根据这几个阶段把口语报告的内容分成相应的范畴。约翰·杜威（John Dewey）提出问题的解决分四个阶段：问题的形成、问题的探索、问题的酝酿和得到启发（即获得灵感）。在分析口语报告时可以按照这四个阶段将内容分成四个范畴。现在大家基本上认为，用这种按阶段编码的方法，最后得出的结果并不太理想。有如下几个原因。第一，用这种一般化的分类方法编码，要丢掉口语记录中的一些东西。例如，在解决河内塔问题时，在220个片断里（见附录Ⅰ），我们得到的信息只是一些有多少分类、多少动作等的数字，而没有情节的分析。为了得到一个完整的强理论，就应该获得解题过程中每一步的细节和内容。如果在编码过程中丢掉了大量的信息，就不能验证很具体的强理论，而只能验证一般的弱理论了。第二，用这种方法不能分析出线性问题的许多阶段。由于解决问题的过程是复杂的，它并不单纯是几个连续阶段的线性排列，我们不能一般地说在哪一个阶段只是形成问题，在哪一个阶段只是搜索或启发。也就是说，我们所得到的并不是按线性排列的几个阶段，而是每一个阶段中都有形成和搜索等步骤。实际上，我们在解决一个大的问题时，通常也是先把它剖析成许多第二级的问题，那么每一个二级问题里也应有这几个阶段。一个大的问题包括许多层次和分支（见图4-3）。我们可以用手段-目的分析法，从口语记录中分析出这种上下关系的系统。假如我们只按大阶段进行分析，如指出这是被试对问题的搜索，我们并不能知道这是属于哪一个层次中的搜索。研究已经表明，在对口语记录进行分析时，所保持的信息总是越多越好。

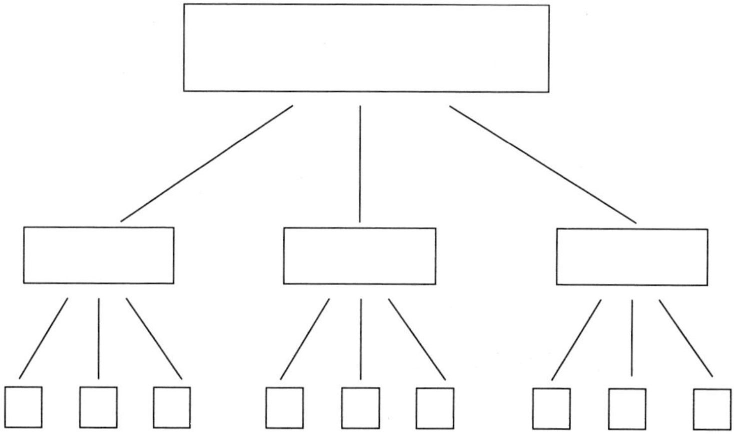

图 4-3　问题的层次和分支

附录 I　解决河内塔问题的口语记录示例

1. 我不能确定怎么走，不过我想首先把 1 从 A 移到 B。
2. 我把 2 从 A 放到 C。
3. 然后，我把 1 从 B 放到 C。（如果你可以做到的话，告诉我你为什么要把 1 放到 C。）
4. 因为没有别的地方可走，我不得不把 1 从 B 放到 C。
5. 然后，下一步，我把 3 从 A 放到 B。
6. 噢……首先我必须把 1 放到 B。因为我不得不把所有的圆盘移到 C。不过，我没有太大把握。
7. 我原以为把 1 放到 C 而不是放到 B，事情就可能好办了。
8. 现在我要把 2 放到 3 的顶上，因此我把 1 放在 A。
9. 然后，我把 2 从 C 放到 B。
10. 我要拿 1 而且把它从 A 放到 B。
11. 然后，4 从 A 到 C。
12. 然后，嗯……噢……嗯……
13. 我应该把 5 放到 C，可这会花很多时间，我把 1……（如果你要求的话，你可以从头开始再来一遍；如果你继续做，告诉我为什么。）

14. 我要在这儿停一会儿……

15. 我拿 1 从 B 放到 A。

16. 然后，把 2 从 B 放到 C。

17. 噢，这不行……

18. 我拿 2 从 C 再放到 B。

19. 然后，从 A 拿 1……

20. 噢不！如果这样做，我就进行不下去了！

21. 我要返回来。

22. 好吗？

23. 我要重新开始。(行啊。)

24. 如果我继续这么做，我就不能进行下去了，所以我要重新开始。

25. 让我想想，我想不移动 5。

26. 这样，由于 1 是我唯一可移动的圆盘，而上一次我把它移到了 B，所以我要把它放到 C……从 A 放到 C。

27. 那自然，2 需要从 A 跑到 B。

28. 这次我也把 1 从 C 放到 B。

29. 把 3 从 A 放到 C。

30. 这样，我要把 1 从 B……放到 C。

31. 噢，呀！我必须把它放到 C。

32. 2 号盘……不，不动 2 号盘，我要把 1 从 B 放到 C……

对吗？

33. 噢，我把 1 从 B 放到 A。(行!)

34. 因为……我要让 4 放到 B，假如我早已把 1 从 B 放到 C，那就不可能移动了。幸好我还没有这样做。

35. 2 要从 B 到 C。

36. 1 要从 A 到 C。

37. 然后，B 是空的，4 从 A 到 B。

38. 所以，这次……就成了。

39. 我将……1 从 C……到 B。

40. 然后，2 从 C，到……A……

41. 然后，1 从 B 到 A。

42. 然后，3 从 C 到 B。

43. 1 从 A 到 C。

44. 是不是？

45. 然后，2 从 A 到 B。

46. 然后，噢，它到哪儿了？

47. 1 从 C 到 B。

48. 然后，5 最后从 A 到 C。

49. 然后，1 从 B 到 A。

50. 噢，我要把 1 从 B 放到 C。(为什么?)

51. 因为如果 1 从 B 到 A 的话，2 将从 B 到 C……

52. 让我再试试好吗?

53. 哼! 这很难，不是吗?

54. 我没料到它还这么难……真难记住。

55. 这样，想必我得有条不紊、有系统地移动圆盘。

56. 1 应从 A 到 C。

57. 3 应从 B 到 A。

58. 1 应从 C 到 B。

59. 因为我要把 4 移到 C，要这样必须移动 2，不是吗?

60. 要做这一步，2 应从 C 到 A。

61. 然后，1 从 B 到 A。

62. 然后，4 从 B 到 C。

63. 这次，我要是想到要让 3 在 C，那肯定会行，所以应使 1 从 A 到 C。

64. 2 要从 A 到 B。

65. 1 要从 C 到 B。

66. 然后，3 从 A 到 C。

67. 这回容易，1 从 B 到 A。

68. 2 从 B 到 C。

69. 然后，1 从 A 到 C。

70. 好，我已经做好了。

71. 不知是否有什么新玩意儿?

72. 这我不敢肯定，小盘必须在大盘上……大盘不能在小盘的顶上，这样，慢慢地，在5到C之前必须经常用到C。
73. 然后，如果5要到C，下一步我必须像考虑4到C那样移动5。
74. 这就是我做的方法。
75. 我能像这样移动它吗?
76. 首先，如果我仅仅考虑一个圆盘，1可以从A到C，对吗?
77. 可是，如果考虑到两个盘子，这当然会像1从A到B和2从A到C那样走，然后1从B到C。
78. 那无论如何2必须跑到C的最底下，自然我就要让1走到B。
79. 这样，如果有三个……对，对，现在就难起来了。
80. 确实，这不那么容易了。
81. ……这次，我要……
82. 哦，对了，首先3必须走到C。
83. 要这样，2必须走到B。
84. 要这样，嗯……1必须走到C。
85. 好了，1从A到C，2从A到B，1要从C返回到B，我要移动3，就这么着。

86. 好，如果有四个圆盘，这回 3 要到 B，对吗？
87. 要这样，2 应待在 C，然后，要这样，1 应该在 B。
88. 所以 1 应到 B。
89. 然后，2 应从 A 到 C。
90. 然后，1 应从 B 返回 C。
91. 然后，3 应从 A 移到 B。
92. 然后，我应移 l 从 C 到 A。
93. 然后，首先，我应从 C 移 2 到 B。
94. 然后，我要移 1 从 A 到 B。
95. 然后，4 从 A 到 C。
96. 然后，这将从 A 再走一次……1 将……
97. 不对……这儿有个问题，而且……
98. 1 应从 B 到 C。
99. 要这样，嗯，这回 3 从 B，嗯……必须走到 C，这样……
100. 要这样，2 应到 A。
101. ……当然 1 应当返回 C。
102. 然后，2 应从 B 到 A。
103. 然后，1 应从 C 到 A。
104. 然后，3 应从 B 到 C。
105. 然后，1 应从 A 到 B。

106. 2 应从 A 到 C。

107. 然后 1 应从 B 到 C。(行了。)

108. 我想我现在可以做 5 个盘子了。

109. ……哎，真有趣……

110. 如果是 5 个，当然，5 应到 C，对吗?

111. 这样，4 应在 B。

112. 3 应在 C。

113. 2 应在 B。

114. 这样 1 应从 A 到 C。(好极了。)

115. 我就是这么想的!

116. 然后，2 应从 A 到 B。

117. 1 应从 C 返回 B。

118. 3 应从 A 到 C。

119. 要这样，嗯……这次，又……这次 4 应到 B……

120. 让我把 1 从 B 移回 A。

121. 如果 4 必须从 A 到 B，这就是说……

122. 2 要到 C。

123. 因为 1 要……

124. 对，1 要从 B 返回 A。

125. 然后，2 要从 B 到 C。

126. 然后，1 要从 A 到 C。

127. 然后，4 从 A 到 B。

128. 然后，这次……和以前一模一样，我想……嗯……

129. 当然，5 应到 C，对吗？

130. 要这样，3 应到 B，所以……

131. 2 应返回 A。

132. 1 从 C 到 B。

133. 2 从 C 到 A。

134. 1 从 B 到 A。

135. 3 从 C 到 B。

136. 1 从 A 到 C。

137. 2 从 A 到 B。

138. 1 从 C 到 B。

139. 然后，最后，5 会从 A 到 C。

140. ……这回，嗯……4 应到 C，那么……

141. 3 到 A。

142. 2 到 B。

143. 然后，1 到 A。

144. 这样，无论如何，我要把 1 从 B 移到 A。

145. 2 从 B 到 C。

146. 然后，1 从 A 到 C。

147. 3 从 B 到 A。

148. 1 从 C 到 B。

149. 然后，2 从 C 到 A。

150. 然后，3 从 B……

151. 1 从 B 到 A。

152. 这样，我终于成功地把 4 从 B 移到 C。

153. 这样，这回，嗯……哎，这回 3 自然得到这儿，所以……

154. 要这样，2 要到 B。

155. 这样，1 从 A 到 C。

156. 把 2 从 A 放到 B。

157. 把 1 从 C 放到 B。

158. 然后，3 从 A 到 C。

159. 把 1 从 B 放到 A。

160. 把 2 从 B 放到 C。

161. 然后，把 1 从 A 移到 C。

162. 哎，呀……这样，慢慢考虑，回过来想想……（好，你为什么不再试一次？）

163. 反正是一模一样的，不是吗？

164. 首先 1 从 A 到 C。

165. 因为最后 5 将到 C，所以……

166. 所以，4 应到 B。

167. 然后，3 应到 C。

168. 然后，2 应到 B。

169. 这样，1 应从 A 到 C。

170. 2 应从 A 到 B。

171. 把 1 从 C 移到 B。

172. 从 A 移 3 到 C。

173. 下一步，4 要到 B，所以……

174. 从 B 移 1 到 A。

175. 从 B 移 2 到 C。

176. 从 A 移 1 到 C。

177. 然后，移 4 到 B。

178. 下一步，5 必须到 C，所以……

179. 我仅需要移三个挡着的圆盘到……B。

180. 所以，首先，1 从 C 到 B。

181. 移 2 从 C 到 A。

182. 然后，移 1 从 B 到 A。

183. 移 3 从 C 到 B。

184. 移 1 从 A 到 C。

185. 移 2 从 A 到 B。

186. 然后，1 从 C 到 B。

187. 然后，5 可以到 C。

188. 这挺容易，嗯？

189. 5 已经到 C 了，所以……

190. 下一步……5 刚才是可移动的，因为……

191. A 和 C 空着，对吗？

192. 5 已经在 C 上了，所以……

193. 我要把余下的四个从 B 移到 C……

194. 这完全像移动四个圆盘的情形，不是吗？

195. 所以，我要把 4 从 B 移到 C……

196. 要这样，在顶上的那三个必须从 B 到 A……

197. 噢，呀，3 从 B 到 A!

198. 要这样，2 应从 B 到 C。

199. 要这样，1 应从 B 到 A。

200. 所以，1 从 B 到 A。

201. 2 从 B 到 C。

202. 1 从 A 到 C。

203. 然后，3 可以从 B 到 A。

204. 然后，如果 1 和 2 到 A，那就好了，所以……

205. 然后，首先 1 从 C 到 B。

206. 2 从 C 到 A。

207. 然后，1 从 B 到 A。

208. 嗯，这样，在 B 上的那三个已经移到了 A，所以……

209. 把 4 从 B 移到 C。

210. 下一步，如果在 A 上的那三个到 C，我们就做完了。

211. 所以，首先顶部的两个盘必须移到 B。

212. 要这样，1 从 A 到 C。

213. 2 从 A 到 B。

214. 然后，1 从 C 到 B。

215. 然后，3 从 A 到 C。

216. 咳！这回，在 B 上的这两个必须移到 C。

217. 好……

218. 1 从 B 移到 A。

219. 2 从 B 到 C。

220. 然后，1 从 A 移到 C。

221. 我做好了！

222. 我想我终于做完了……

223. 这次，如果 5 到 C，它就像移动 4 个……组……

224. 我还是不太……

附录Ⅱ 解决物理问题的口语记录示例

题目：现有氮气流过一条等截面管道。氮气流入管道时的温度为华氏 40 度，压强为 200 磅/平方英寸。流出管道时压强为一个大气压，温度为华氏－210 度。假设流量为 100 磅/分，问：在这过程中，氮气向外散发了多少热量？

口语记录：

1. 好，我得先定出一个系统来。

2. 啾，管道就可以作为一个系统。

3. 那么，我就把它画出来。

4. 在上面写上第一定律：

5. Q 加 W；等于 m 乘上 h_2 与 h_1 之差。

6. 在这里我忽略了动能和势能的变化。

7. 我想这样忽略一下倒还是挺不赖的。

8. 好吧，问题问的是氮气向外散发了多少热量。

9. 那就是这儿的 Q 项了。

10. 既然这里仅是一条管道，那也就无所谓什么轴输出功。

11. 这样，W 就等于零。

12. 那么，Q 就等于 m 乘上 h_2 减 h_1。

13. 现在，我知道 m 为 100 磅/分。

14. 至于 h_2 减 h_1 么。

15. 要求出这个值，我得找出氮气的一些物理性质。

16. 那就查一查吧。

17. 噢，找到了，在这儿呢。

18. 好，m 是 100 磅/分。

19. 嗯，h_2，2 是流出的一端。

20. h_2 就是一个大气压下，温度为华氏 −210 度时的热函了。

21. 好，我查一查。

22. −210 度，对。这是兰金温标的度数，−210 度，啊……

23. 对，是兰金温标的 250 度，是 T_2。

24. 刚才查 T_2 时，我就注意到了 T_1 是 500。

25. 行，那就是 14.7 磅力/立方英寸。

26. 而温度为兰金温标的 250 度。

27. 查表得 h 为 126.443 个英制热单位/磅质量，这是 h_2。

28. 关于 h_1，它的条件是 200 磅/平方英寸的压强和 500 兰金度数的强度。

29. 我来查一查它的值。

30. 嗯，h_1 为 187.408 个英制热单位/磅质量。

31. 好，下面就该计算了。

32. 对，应消去磅质量这个单位。

33. 因为最后答案的单位应为英制热单位/分。

34. 这才是我要求的呢！

35. 现在开始计算。

36. 126.443—187.408

37. 再乘上100，得—6 096.5。

38. 这个负号是本来就应有的。

39. 因为它表示热量是向系统外散发。

40. 好了，做完了。

第五章

语义丰富领域

专家的知识除了有一定的数量外，还有一个很重要的特点，即专家遇到问题时可以很快地分析情景并作出反应。我们常把专家的这种立刻作出反应的能力叫作专家的直觉，或专家的直觉判断。专家是如何进行直觉反应的？过去这个问题很神秘，现在我们可以对这种现象作出解释了。

专家的知识

人们在日常生活中所遇到的问题是复杂多样的，要想解决这些问题就得运用个人已有的广博的知识基础。通过对问题表面结构进行分析而得出的问题的意义，称为语义。先揭示复杂问题所包含的各种语义，再利用已有的知识，找到简单的方法，求得问题的解决，这是专家在实践中经常采用的问题解决方法。对这种问题解决过程的分析属于语义丰富领域。

生活经验证明，一个没有热力学知识的人是不能解决热力学问题的。从解决热力学问题的口语记录（参见第四章附录Ⅱ）中也可以看到，在解题的不同环节上，被试是靠提取他过去在长时记忆中储存的有关知识来解决当前问题的。例如，他已了解了“功能”“势能”等概念，知道到书上去查找水在温度多高时会变为蒸气等等。这个问题的解决，就属于语义丰富领域。生活中也有一些问题的解决不需要理解问题的全部语义。例如，人在解“鬼传球”问题时，并不一定明确什么是鬼，什么是球；而解决热力学问题时则必须知道什么是蒸气，什么是管道。

我们把获得问题的意义所需要的知识称作语义知识；而需要大量语义知识才能获得解决的问题叫作语义丰富问题。在解决河内塔的同型结构问题时，知识也起一定的作用。尽管知识与问题的解决并没有多大关系，但是并不能排除知识的影响。在有关人的理性思维，即形式逻辑的实验中，也证明了这一点。在人们的推理过程中，例如在用三段论法进行推理的过程中，有两个前提和一个结论，要求被试检查是否能从这两个前提中推出结论来。结果发现，如果结论符合日常生活经验，他就很容易认为从这两个前提中能推出结论，否则他就认为难以推出结论。为了说明，举下面两个三段论法为例：

(1) 所有的象都是小的，所有的猫都是象，因此，所有的猫都是小的。	(2) 所有的猫都是小的，所有的象都是猫，因此，所有的象都是小的。

上述两个三段论法都是正确的，因为结论是从两个前提中推导出来的。但是，在现实生活中猫是小的，象是大的，所以人们容易接受第一个三段论法的结论，而不容易接受第二个结论。这表明被试是从现实生活中提取一些知识来进行逻辑推理的。

下面谈每一个行业的专家是如何利用丰富的知识经验去解决复杂问题的。我们所要考查的是专家所具有的信息的种类和数量，以及利用这些信息的方法。专家有各种不同形式的知识，这些知识保持在长时记忆中。其中既有关于某一领域的事物和对象的知识，也有许多与之有关的线索，这些线索有助于他去提取不同的知识。专家所具有的知识可以粗略地分为两类。一类可以称为数据结构（data structure），现代认知心理学也称其为图式（schema）或框架（framework）。数据结构、图式和框架这三个词是作为同义语来使用的，我们无法对它们进行严格的划分，它们包含着有关某一个特定内容方面的知识。例如，在我们的记忆中可能储存着一套关于北京的认知结构，这个认知结构中包含一些具体知识，如在北京动物园里有大熊猫等等。我们每个人的头脑里都有许多各种不同方面的知识结构。除上述关于内容方面的知识外，另一类知识是有关如何去做的方法步骤或程序，例如如何骑自行车的方法步骤等。至于在我们的知识中哪些属于数据结构，哪些属于方法步骤，这是个很复杂的问题。在发展计算机时，有时也会遇到如何辨别信息是属于数据结构，还是属于方法步骤的问题。

一个专家的长时记忆里究竟保持了多少知识呢？在心理学中知识数量的单位是组块。根据已有的研究我们知道，人获得一个组块并将它加以保持，不管内容上的差别，所需的时间大致是恒定的。我们也已知道记忆一个组块所需的时间，以及人的短时记忆的容量。我们可以通过回忆实验来研究专家具有什么知识，以及这些知识是如何组成组块的。我们用下棋的记忆组块的实验来说明这一类研究。在下棋时每方最多摆 16 个棋子，共 32 个棋子，但在一般情况下棋盘上的棋子大约是 25 个。我们把具有 25 个棋子的棋盘以 5 秒的时间呈现给被试。5 秒钟的时间足够被试看清楚棋盘，但却不够对这些信息进行加工存入长时记忆。呈现后把棋盘移走，让被试重新摆出棋盘原来的样子。一组被试是具有专长的象棋大师，另一组是技术不太好的一般棋手。第一种实验方法是把象棋好手下到一半时的真实棋盘布局呈现给这两组被试。对于真实的棋盘布局，象棋大师能恢复 25 个棋子中的 23 个，而一般棋手则只能恢复 6 个左右。根据这个实验结果，有人认为要想成为象棋大师，必须具有很好的视觉记忆能力。但是心理学家的另一种实验方法证明了上述结论是错误的。

实验仍然是用 25 个棋子，它们在棋盘上的位置是随机摆上去的。结果，一般棋手所能恢复的棋子与上一个实验相同，仍是 6 个左右；而象棋大师能恢复的也只是 6 个左右。对于随机排列的棋盘布局，普通棋手与象棋大师能恢复的数量相等。从这里可以看出，象棋大师并不具有更好的视觉记忆能力。如果呈现的刺激失去了他作为专家所熟悉的特点，即如果呈现的不是一盘正规的棋局，象棋大师的优越性也就显示不出来了。用信息加工的观点来解释这种现象，专家在看棋盘上的有规律的 25 个棋子时，并不是看 25 个东西，而是以组块为单元，加上组块之间的关系来看这棋盘的。这样的布局不是随机的，而是他在多年的下棋经验中曾经多次遇到过的。所以 25 个棋子对专家来讲只是四五个他非常熟悉的模式，这样几个模式在他的短时记忆中能很快地保持下来。

这个问题不用棋盘也可以演示，例如，老师在黑板上写“现在”两个字，学生很快就记住了，因为对中国学生来说，刺激只是一个组块。但是，如果我把“现在”写在美国的课堂黑板上，那里的学生就不会记得这样好，因为他们要记住所有的笔画及笔画之间的关系。这两个汉字有十几笔，已远远超出了短时记忆的容量。象棋大师认识棋盘与我们认识汉字是同样的情况。

知识是怎样恢复的？组块是怎样计算的？这可以通过观察和计算被试在一个一个地摆棋子时所用的时间来加以研究。摆棋子的时间间隔有两类：一类是 2 秒，表示组块间的间隔；另一类非常快，短于 1 秒，可以视为组块内各成分之间的间隔。按这种时间上的差别就可以把对棋盘的记忆分为不同的组块。研究发现，对一般大师来说，每一个组块包含 3～4 个棋子，全盘也不过 6～7 个组块。我们也可以通过摆棋子的过程看出哪些棋子组成了一个组块，因为组成一个组块的棋子是经常连成一组摆出来的。据统计，对于国际象棋，棋盘上总共可以摆出 5 万～10 万个组块。如果一个大师能记住 5 万～10 万个组块，在让他看一盘棋 5 秒以后，他就可以恢复出 23～24 个棋子。我们也可以用计算机来验证这种模型是否正确。我们可以把各种组块编入程序（假定编入计算机程序的组块有 1 500 个），再用知觉辨认的 EPAM 程序对组块进行扫描、记忆。1 500 个组块虽然少于大师记的 5 万个组块，但是大师所记住的 5 万个组块的出现概率并不相同，有些经常出现，有些出现次数较少。我们给计算机输入的 1 500 个组块是经常出现的组块，所以在实验中是已经够用的了。当 1 500 个组块全部被记住以后，再呈现一个有 25 个棋子的棋盘，计算机就可以辨认出来。计算机对整个棋盘进行扫描差不多用 5 秒钟的时间，它可以从棋盘上辨认出 5 个组块；如果改变棋盘布局，让计算机重新排列，一般它可以正确摆出 12～15 个棋子，相当于一级棋手的水平。如果让计算机存储 5 万～10 万个组块，它也可以达到大师的水平。因此我们用 EPAM 程序也可以解释下棋的活动。

一个人学母语需要记住的语言组块有多少？要解决这个问题，首先要知道语言的组块单位是什么。汉语的组块单元是字和词。我们无论是让被试回忆单个汉字，还是让他回忆词语，他所记住的数量，以组块为单位应该是一样多的，因为它们都是汉语的组块单位。根据我们以字和词为记忆材料进行比较研究的实验结果，我们回忆出来的独立的汉字数比回忆出来的词语数要略多些。但是由于每个词都由两个或更多的单字组成，因此，假若不用组块计算，不考虑意义，只计算字数，就会出现在后一种情况下，即组成词以后，能够记忆的单字数量增加很多。一般人能记住 7 000～15 000 个汉字。中国的字词有 5 万多个，在更大的词典中可达到 50 万个。任何一种专家的知识量是 5 万～20 万个组块，一个专家要用多少时间获得这些知识呢？我们从实验中知道，任何一个专家要获得这些知识都不会少于 10 年。音乐家、数学家等都是如此。这 10 年内每年记 1 万个组块，10 年就记 10 万个组块。即时回忆的实验证明，记一个组块需要 8 秒。如果要长期保持下来，还要复习，时间需要 30 秒，记 1 万个组块就需 100 个小时。我们需要对这些组块多次复习，才能达到巩固，而立刻回忆起来。再者，我们记忆的不只是这些组块，还有关于这些组块的其他一些东西。例如大师看到棋盘上的棋子布局后，还要想到下一步该如何走。医生不仅要检查出病状，而且还要知道应该怎样去治疗。人每天并不只是记忆这些组块，还要用许多时间来运用已有知识从事日常的活动。例如，我们开始学外语时，最初绝大部分时间是用于认单词，过一段时间差不多都认识了，就不再把时间主要用于认识单词，而是去看书了。实验结果指出，如果我们认识 1 500 个汉字，在阅读一般的书籍时大约就可以认出其中 90％的单字，所以记住两千个汉字一般就够用了。若在这两千汉字之外再去记三千，那就比这开始的两千要难。因此，要记住五千个汉字是相当困难的。

知识如何在人脑中存储？专家要有 5 万～10 万个组块，特级大师与一个大学生有何区别？一般人的知识与专家的知识如何区分？一个专家具有5万～20万个组块不是一个很确切的数字。一个大学生读了许多年书，也可能达到5万个组块。围棋可能比国际象棋、中国象棋更难，是因为围棋的棋子多，棋盘大，棋盘上所出现的可能性就更多一些。因此一个象棋专家所具有的组块不能与围棋专家所具有的组块相比。希腊有句格言："人是测量各种事物最好的尺度"。围棋大师的水平不是以他本身的深度来衡量的，而是以他与其他围棋大师相比来衡量的。如果他够世界水平，就叫他世界围棋大师。下围棋时所出现的可能性多于象棋，因此，具有5万～20万个组块的围棋棋手水平就不如同样具有5万～20万个组块的象棋棋手的水平高。在西方有一种很容易的五子棋，其任务领域小，棋手可以学会所有可能出现的情况，而毫无错误地下棋。在不同的领域里，作为一个专家所具有的组块是相似的而不是相同的。因为专家的水平，是根据人的能力来测量而不是根据能够完成的事物本身来测量的。一个组块作为一个单元其大小是可以变动的，有时复杂，有时简单。例如汉字偏旁"亻"可以是一个组块；加上右半边的木字成为一个"休"字，"休"也可以是一个组块；由几个字组成的一个词也可以作为一个组块。那么组块作为心理学的一个测量单位是否合适呢？学习一个组块，无论是简单的或复杂的，所用的时间是一样的。例如，"石""研""研究"都可单独作为一个组块来学习，要记住这些组块都需要用8秒钟。

把许多小的东西连起来组成一个组块时，联系的时间基本上也是不变的。已形成的组块在短时记忆里就成为一个东西，例如一本字典里每一个字词都有一个编号，如 6117—石、8147—研、3896—究、26112—研究。这些号码虽然不同，但它们在短时记忆里所占的空间差不多都一样，为记住一个号码所需时间也相等，因而组块可以作为一个常定的记忆单位。能手比新手所具有的组块更复杂，专家所能辨认的模式不是生手所能辨认出来的。但是，不管内容如何，以组块为单位时，我们可以说，各种专家所具有的知识差不多都是 5 万～20 万个组块。

一个产生式包括许多组块。产生式是指当条件一、二、三被满足时，可产生行动一、二、三。一般情况下，条件一、二、三是熟悉的模式，即它们是 EPAM 程序可以辨认出来的东西；行动一、二、三也是熟悉的，即它们是知道该怎么做的行动。这就是说，条件一、二、三是已有的组块，行动一、二、三也是已有的组块。为了建立产生式，先要在条件一、二、三之间和行动一、二、三之间建立联系；然后再在条件和行动之间建立联系。所以建立一个产生式需要十多个组块。

从感觉到短时记忆之间的记忆有许多名称，如瞬时记忆、缓冲记忆、视觉记忆中的视像记忆（iconic memory），或听觉中的声像记忆（echoic memory）等。记忆的这一段持续时间是一个没有解决的问题。假定在一个记忆实验中，每秒一次给被试呈现一个复杂刺激，要他即时回忆，结果他用 12 秒钟记住了一个多位数字。这 12 秒里面包括辨认出每一个数字的时间，以及把该数字放入短时记忆的时间。但这两个阶段很难划分清楚。我们可以想象得到这个过程是分两步进行的，假若没有认出该数字的第一步，就不可能有把它放入短时记忆的第二步。若没有短时记忆，对它的辨认也就无法表示，也就不可能对它进行实验测量了。

记忆中的一些参数，要有实验来说明。针对记忆的容量，用即时回忆的方法得出短时记忆的容量是 5～7 个组块；短时记忆存储的时间（包括认出和记住）小于 1 秒；恢复短时记忆的时间约 150 毫秒，这个恢复时间是说出的时间，它可能受到舌头的限制。总之，整个短时记忆的时间很短，是因为受容量小的影响，即旧的东西很快被新的所代替。

记忆持续的时间是无限的。一个东西记住以后能持续多长时间，测量的结果是不定的。注意不稳定，保持时间就短；如果加以复述，保持时间就可以很长。关于长时记忆的容量、存储、恢复及持续时间问题，有如下实验结果：长时记忆的容量是无限的；每个组块的存入时间需要 8 秒；长时记忆里的东西要先转入短时记忆，然后才能恢复和应用。登塞里（Dense-reau）的多位数乘法心算实验可以说明这一点。在多位数乘法的解题过程中，每做下一步时都要想到一些东西，即脑内总要保持一定的东西。例如，在心算三位数乘法时，必须先有三个用一位数乘三位数的分段结论，然后再将这三个分段结论相加，构成总结论。如$\begin{array}{r}189\\ \underline{\times 437}\end{array}$，必须先有 7×189、3×189 和 4×189 三个乘积，最后才能得出 82 593 的答案。从长时记忆中提取第一个乘积需要 2 秒，后面的每一个需 200～300 毫秒。总的持续时间也是不定的，因为有遗忘和过度学习的问题，每个东西的多余性和它与别的东西的联系多少也不相同，这就造成持续时间的不同。过度学习越多，多余性越多，持续时间就越长。如果要设计实验来测量一个加工过程，由于加工过程包括再认、存储、反应等过程，它们连在一起不易分别测量。斯滕伯格（R. J. Sternberg）根据唐德斯（F. C. Donders）的思想，做过一个测量个别过程的实验。他测量提取过程所需的时间，让被试先记住一个数字，过一段时间以后，让他从长时记忆中把它提取出来加以恢复。根据上面所讲的规律，长时记忆的恢复是第一个数字用 2 秒，以后每个数字用 200～300 毫秒。我们可以用位数的数字来做实验，如使用 12、843、962 149 三个数字，测量恢复不同位数的数字所需要的时间。实验结果表明，恢复两位数用 2 200 毫秒，恢复三位数用 2 400 毫秒，恢复六位数用 3 000 毫秒。用这种方法可以检验上面所讲的常数是否正确。

专家的直觉

专家的知识除了有一定的数量外，还有一个很重要的特点，即专家遇到问题时可以很快地分析情景并作出反应。我们常把专家的这种立刻作出反应的能力叫作专家的直觉，或专家的直觉判断。专家是如何进行直觉反应的？过去这个问题很神秘，现在我们可以对这种现象作出解释了。直觉实际上是一种再认，一个人只有对非常熟悉的东西才会有直觉。通常所说的科学上的偶然发现，对专家来说却不是偶然的，是他利用了已有的知识认识到了当前的情景。

最早是一位物理学家把照相胶片放在抽屉里，偶然发现胶片感光了，因此他认为某种光是可以穿透桌面的。一个没有这方面知识的人，就不会想到光穿透桌面使胶片感光。在其他领域里也有类似的例子。科学家根据以前的经验，可以认识一个领域里的许多事件。当一个不寻常的事件出现时，他就可以知道这是一个问题。任何一个系统，如 EPAM 辨认系统，当它发现了新的事物时，就叫有了直觉。特级象棋大师可以同时和几个对手下棋，如果对手较弱，他可以战胜所有的对手，我们说这是象棋大师用了直觉判断。当象棋大师看到棋盘上没有特殊情况时，他立刻就知道下一步应如何走能赢对方；如果对方有一个弱点，他可以根据过去的经验，利用对方的弱点，很快地确定下一步棋如何走法。

专家需要解决的问题太多，时间有限，因此他解决问题主要靠再认。如棋手在同时下几盘棋时，他是不可能用其他加工方式的，只能靠再认。

在科学领域里，无意识的发现常被认为是神秘的。有时一个人对某个问题总是解决不了，他就把这个问题放在一边去睡觉。但是，到第二天早晨醒来忽然问题就解决了。有一种假定，认为睡觉时大脑还在无意识地工作。对这种假定，我们无法证明它是对的还是错的，但我们可以用信息加工的观点对这种现象作另外的解释。

解决困难问题时要在这个问题空间里进行搜索，这其间会进行很多加工。在搜索过程中，随时要进行判断，看是沿这条路继续搜索呢，还是停止这条搜索的路线而另走别的路线？根据短时记忆的特点，如果按照已有的搜索路线前进，这是比较容易做的，因为前面已经搜索过的路还在记忆中保持着。但是，搜索方式是有一条总的支干，上面分出一些小的分叉，在问题搜索的进行过程中，也会发现一些新的问题特点，并将其存储在长时记忆中。例如，从解决河内塔问题的口语记录中发现，在第一阶段里，被试虽然以移动下面的圆盘为目标，而第一步却是要把上面的圆盘移开。这种做法不仅在短时记忆里，而且在解决问题的过程中也保存到了长时记忆中。又如在下围棋的时候，被试也要一边下棋，一边往长时记忆中存储信息，以便今后再遇到类似的情况时知道如何处理才能摆脱险境。不然的话，他走了一步错棋，自己又不知道是错的，他怎么能改变行为呢？当一个人解决不了当前的问题时，他也可能先把这个问题放一放，以睡觉去转移注意。这时在短时记忆里的东西都忘了，记忆里只有过去在长时记忆中存储下来的东西。根据长时记忆中存储的东西，可找到另一条路进行搜索，可能这条路对了，问题就解决了。

对无意识发现的这种解释虽然还没有直接证明，但却有一些间接的证明。例如，做一件事情常常不是一次就能成功的，而是在做的过程中找到一条取得成功的路线。这说明在做的过程中，已有一些新的信息存储到长时记忆里了。这可以用卢钦斯（A. S. Luchins）的水罐子实验来加以说明。有几个容量不同的水罐子和一罐定量的水，要求被试用几个罐子倒来倒去，最后将水按一定数量分开。一种做法是先教给被试解决有捷径可走的问题 A，并让他做一系列这类的问题 A_1、A_2、A_3、A_4，然后再给他一个不能沿这条捷径走通的问题 B，被试在解决这个没有捷径可走的问题时，就感到很困难。另一种做法是先给被试做一系列没有共同捷径的问题 B_1、B_2、B_3、B_4，然后给他一个与前一实验中问题 B 难度相等的问题 B'，这时他就会感觉到 B' 比较容易，解题的时间比在前一实验中要少。这些现象都说明心理定势（mental set）在解决问题中的作用。如果在做完A_1、A_2、A_3、A_4之后，马上让他去做B，因为前面几个问题都是通过同一捷径解决的，所以他在做B时也力图通过该捷径去解决，结果就会使问题变得更难一些了。可以设想，如果在做完A_1、A_2、A_3、A_4以后，间隔几个钟头再做B，那么这时就会觉得B要比前边实验中显得容易一些了。这是因为他经过几个小时之后，忘了前面的解题程序，定势不再起消极作用，而不是应用了什么新方法。

麦尔的实验也说明了同样的问题。有两个被试，先让一个被试用改锥拧东西，不让另一个被试看见也不让他使用改锥，然后让两个被试都去解决同一个问题。在解决后一问题的过程中，需要把改锥当作重物起摆锤的作用，结果没有用改锥拧东西的被试比用过改锥的被试更快地解决了问题。这就是解决问题时心理的固着性，实际上也就是解决问题的定势。由此可以看出，用信息加工观点解释了过去格式塔心理学中的问题。

蔡卡尼克效应（Zeigarnik effect），是让被试把一些工作做完，另一些工作没做完就中断，过一段时间让他回忆都做过哪些工作。结果，他回忆未完成的工作比回忆已完成的工作要好些。这说明有些活动还没做完就搁下时，在另一头脑空间里还在继续进行活动。安德森提出长时记忆的扩散激活理论。在长时记忆里，有些东西比另一些东西更容易被提取，因为它们的阈限低；有些东西阈限高，需要多一些线索才能提取出来。没有完成的工作阈限很低，容易激活和扩散。扩散随网络进行，达到该事件所在的位置时就提取出来了。在安德森的记忆理论中，没有短时记忆的概念，所谓短时记忆，只是那些被激活而且阈限最低的部分。长时记忆的扩散激活理论可以解释蔡卡尼克效应。

心理表征的作用

知识的信息是如何在记忆中存储和提取的？各种信息加工任务是如何解决的？在研究这些问题时我们还不能直接了解到大脑内部的过程，而必须设计一些实验，通过被试的行为反应来说明信息是如何在脑内进行组织的。

首先讲一个特殊的实验技术。这种实验技术用一个代数题的解法为例来加以说明。这个代数题有两个变量，只要求被试列出它们的代数方程式，而不要求他去解这个题。这个代数题是："两角纸币的数目是 5 分硬币数目的 7 倍，5 分硬币的总值比两角纸币的总值多 3.60 元。请列出方程，求解 5 分硬币和两角纸币的数目。"解：设 x 为硬币的数目，则：$5x=20\times 7x+360$。其他的方程是不符合题意的，例如，$20\times 7x=5x+360$ 就是错误方程。还有些人认为这道题目本身有误，不可能有解。根据被试如何列方程可把他们分为三类：第一类根据文字列出方程；第二类列出了一个错的方程；第三类注意到了矛盾。所谓矛盾不是文字表面上的矛盾，而是由分与角的现实知识而发现的矛盾。如果要计算机来解题，我们发现它只能阅读文字，然后根据语法来解题。而第三类人却与第一类人采取了不同的解题方法。第一类人只根据文字语法分析列出方程；第三类人除了根据文字语法分析外，还根据现实矛盾来考虑问题；第二类人所列的错误方程实际上却符合现实生活的情况。第一类人注意到了语法的东西，利用的是语法信息；第二类人注意的是语义的东西，他利用了语义信息，所列的方程是现实生活中可能出现的方程；第三类人两种情况都注意了。

前些年在美国的学校里做这个实验，结果发现得出错误方程的同学并不是成绩很差的同学，有些是学习很好的同学。学习成绩好的同学也有可能列出这种从题意表面分析是错误的方程，这是因为人在看问题时不仅应该注意到它的语法，而且应该注意到它的实际意义。对于第三类，即注意到了矛盾的人，只要给他画一个简单的图，他就可以明白问题不可能解决（见图 5－1）。用图解容易看出矛盾，有助于问题的解决。

用简明的图解提供视觉形象，对于解决困难问题是有很大帮助的。例如，视觉表象可以帮助我们看出根本不可能的问题：

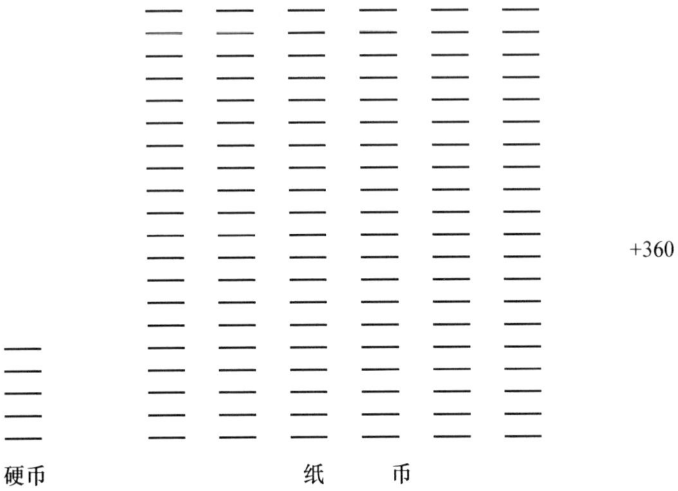

图 5－1

如果让被试把一根长棍截成两截，一截是总长的 2/3，另一截是总长的 1/3，要求短的一截比长的一截长出 4 尺。如果仅仅用言语向被试表述这个问题，他可能会真的认为短的会比长的还长 4 尺。但是如果让被试画一张简单的图，他马上就会看出这个问题本身就是矛盾的，是不可能的。

视觉表象、直观形象对于解决一般问题也有帮助。比如，一个容器中有若干溶液，其中 90％是酒精，10％是水，溶液总量是 1 升。所提的问题是：需要加多少水才能使酒精变成全部溶液的 80％，而水变成 20％？如果被试能正确地图解这个问题（见图 5－2），他会很快写出解题的方程式；如果图画错了，画出两个容器（见图 5－3），一个是 80％酒精，一个是 90％酒精，这就无助于问题的解决。只有把两种酒精百分比画在一个容器中，才有助于问题的解决。能正确画图的被试，也能正确地写出方程式。这个实验的被试部是学过一年以上代数的学生。虽然同样都学过代数，但被试的知识有着很大的不同。差别在于能否想象出有关的事物并正确地加以图解。

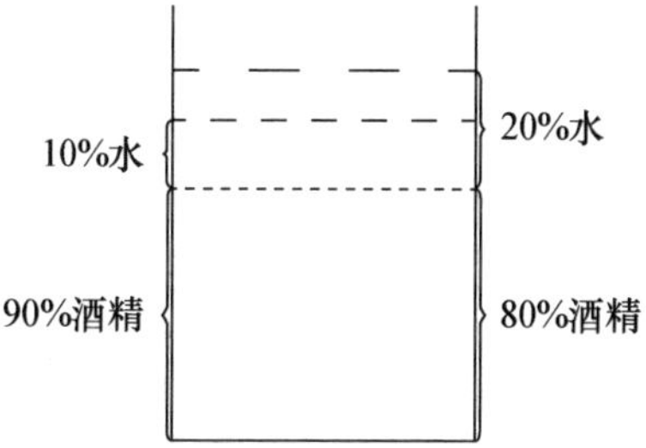

图 5－2　酒精与水问题的正确图解

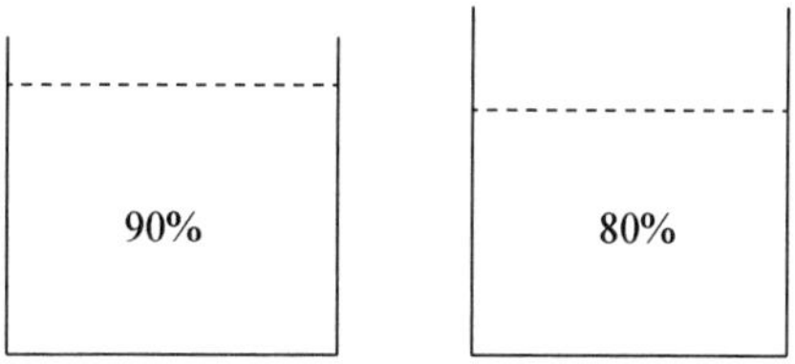

图 5－3　酒精与水问题的错误图解

下面讲另一类实验，这些实验主要是关于人如何存储信息，然后提取这些信息以用于解决问题的。有这样一个问题：某大学的学生人数是教授人数的 6 倍，用 S 代表学生，用 P 代表教授，试根据这两个变量写出方程式。这个实验在美国工科大学一年级学生中有 27％的学生没有答对，多数错误是把关系搞颠倒了，写成了 P=6S。在中国的一个重点中学，重复这个实验，结果只有9%的学生做错。再举另一个问题：学校食堂里卖馒头和包子，每人只能买 1 个，如果有 4 人买馒头，就得有 5 个人买包子，这样才能全部卖完。用 S 代表包子，C 代表馒头，写出馒头和包子的数量关系的方程式。正确的答案是：4S=5C。在美国有 63%的被试做错；在中国的大学生中做实验，有 38%的人做错。

代数教师一定认为这些问题都是十分容易的问题。现在的问题是，既然问题十分容易，被试又都具有代数的知识，那为什么还会出现这么多错误？可能的解释有这样几种：第一是回答太仓促，没有把关系搞清楚。有的人做错，写成 5S=4C，他们是一下子就写出这个方程式的，没有进行仔细的考虑。做对的人大都是先写出$\frac{4}{5}=\frac{C}{S}$，然后再写出 4S=5C。第二，英语的文字表达方法容易使人把这种问题的意思弄混淆了，所以在美国的实验结果错误的比例大；而翻译成中文，问题的意思就清楚多了。美国学生的错误多是因为英文表达比汉语要难一些。但是还有第三个原因。尽管中文表达清楚，为什么还有那么多错误呢？如果人们不是十分细心，那就很容易将表示计量单位的词同变量搞混。比如 1 英尺=12 英寸，1 元=10 角，这里的英尺、英寸和元、角都是名数，即单位名称，而不是变量。用文字表达，英寸的数量等于 12 乘以英尺的数量，角的数量等于

10 乘以元的数量，而不是 1 英寸＝12 英尺，1 角＝10 元。在上面的问题中，人们对学生和教授的人数关系比较清楚，所以这个问题的错误比馒头包子问题要少一些。

根据这些实验我们可以看出，人们是采取什么方式来解决问题的，什么东西把他们引向了错误的途径，如何使用图式才有助于解决问题。可以看出，如果一个问题得到了正确的表征，可以说它已解决了一半。例如前面所举的酒精与水的配合比例问题，如果在脑子里用一个图式来表征这个问题，解决起来就很容易。前面所举的黑白棋盘上去掉两个角的问题，如果能画出图来，也能够较轻易地解决。假如不能在脑子里表征出黑白格的关系，那就很难解决这个问题。当然，反过来说，有些问题虽然得到了明确的表征，但因为太难了，所以还是不能解决，这也是正常的。有些看起来很简单的数学问题，表述得很明白，但却永远解决不了。例如，每一个偶数都可以分拆为两个素数之和，就是一个看起来容易的数学难题。我们应该分析解决问题过程中表征的作用。信息加工心理学如果只讲问题解决，不讲问题的表征，那是很不全面的。

以上讲的语义分析只是自然语言范围内的问题，还没有涉及语义知识是如何在头脑中加以表征的。表征（representation）是问题解决的一个中心环节，它说明问题在头脑里是如何呈现、如何表现出来的。在日常生活中我们说脑子里有某些事物的表象，而人的头脑里并没有外界事物的一个真正的图画。如果我们真的以为脑子里有一个图画，那就得认为脑子里还有一个小人在观看那幅图画，而且还得推测脑子里那个小人的脑子里又有一幅图画。

我们可以通过想象在脑子里画出一个圆，圆的中间有一条线是直径。但神经生理学告诉我们，脑子里并没有这个图画，只有大量的神经元和神经纤维。那么神经元如何连接才能构成我们想象中的圆和直径呢？我们看一个圆的时候，视网膜上有一个圆的映象，这个映象的信息传递到大脑皮层的 17 区、18 区，我们并没有办法确定在这些区域里它仍是一个圆形，而且还有一条直径。

为了说明在头脑中一个圆形的表象的发生，第一，脑中要有关于圆的信息，即神经元的某种联结、某种结构；第二，要有对这些信息进行加工的过程，能了解到它是一个圆。例如，让你想象一个画有一条直径的圆时，问你该图中被直径分开的两个半圆哪一个更大些，你不加思索地会说两个半圆一样大。你能回答出来是由于你已有的经验；或者是你看过画在纸上的两半一样大的一个圆；或者是过去学几何时你已经知道了圆被直径分成二等分。所以你能在表象上“看出”两半一样大，也是因为你过去的知识在起作用。

用信息加工的观点来解释这个问题，也可以说这是因为过去知识的作用：在头脑中存储的关于圆与直径的关系的知识，使你确认表象中两个半圆是同样大小的。你也同样可能回答出另外的一些问题，如关于圆的直径的方向。如果问你想象中的直径是什么方向，你可能会回答说是水平的、垂直的或倾斜的。但是，如果再问你想象中的圆是什么颜色的，你可能就回答不出来了。这个简单的例子一方面说明，当根据言语表述来想象事物时，脑中起作用的东西多于用言语表述出来的东西。这就是说对新输入的信息进行加工要利用已存储的知识，把旧信息增添到新信息上面来。另一方面也说明，我们脑中的表象具有抽象的性质。因为世界上的具体事物都有特定的颜色，既然我们说不出表象的颜色，就证明表象是抽象的。人脑中进行加工和存储的信息具有抽象的性质，但其抽象的性质并不相同。有些采取表象的形式，有一定抽象性也有一定形象性，例如能够看出圆面积与直径的关系；也有一些采取更加抽象的符号形式，只能用言语表述，不能形成表象，如概念和命题。认知心理学家将信息在头脑中的呈现方式统称表征。表象只是表征的一种，以其形象性与抽象性相结合为特点。

我们每一个人的头脑中都有一个圆的表征，我们怎么能知道大家对于圆的信息都是用同样方式表征出来的呢？我们可以从口语报告的内容来比较每个人所具有的信息是否相同，并且得知他们如何把这些信息看作是圆的。按照心理学家的观点，每个人对自己内部信息的表述都是将当前的信息同另外的信息加以比较。当我们描述自己的圆的表象时，其直径是水平的，或更接近于垂直的，这里就有了比较的作用。因此，我们可以根据被试的口语报告来判断他是否具有该信息的内部表征；也可以向他提出必须有特定的内部表征才能解答的问题，根据被试能否解答来判断他有无这种表征；还可以根据被试解答问题的速度来判断其内部表征的特点。有时，如果问被试内部表征是什么样的，他会感到很难回答，而如果问两种表征是不是一样的，回答起来就比较容易。所谓两种表征是一样的，就意味着它们包含相同的知识，而且这种知识能够以同样的速度恢复，就是说对相同信息进行同样的加工。我们可以说表征包含了两个方面的含义：信息和对信息的加工。

设想有一个矩形，四个顶点分别以 a、b、c、d 表示。长边是短边的两倍，从 a 到 c 有一条对角线，还有一条竖线 ef 连接两条长边的中点。竖线把矩形分成两半，现在问被试哪一半较大？还是一样大？再问被试，是否看到对角线 ac 与竖线 ef 相交？被试在表象中确实看到了。但是这一点是陈述时所没有的，是被试从存储中另外加进去的信息。下面再添加一条线，在右边的正方形里从右上角到左下角画一对角线 bf，能否看到 bf 与 ac 相交？再进一步，请找到 bf 的中点 G，它是在 bf 与 ac 交点 H 的上方还是下方？现在大家可能意见不一样了。实际上是在交点的上面。如果再问，GH 与 Hf 哪一段较长？长多少？长一半还是长一倍？大概只有少数人能得出精确的答案。图 5－4 是真实画出的这个图。

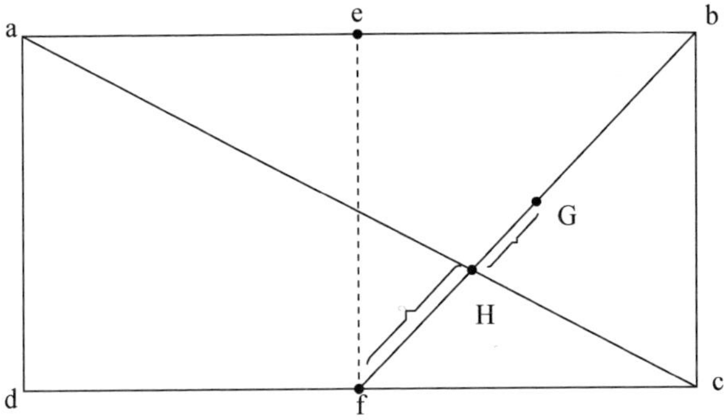

图 5－4　图形的表征

这个例子说明语言表述是问题表征的一种方式。主试根据笔记可以把问题叙述得很清楚，但是语言表述与被试脑中的表象不完全相同，表象与画在黑板上的图也不完全相同。被试可以从黑板上清楚地看到各个交点及其关系，比脑中的表象清晰得多。仅靠头脑中的表象很难进行长度的确切计算，而看着黑板上的图，可以进行任何计算。心理表征所包括的信息是有一定限度的，实验中的矩形，如果再添几条线，可能有些人就觉得难以想象清楚了。

我们做过实验，要被试在头脑中表象出一个笔画复杂的汉字，看他是把汉字笔画全部同时表象出来，还是按偏旁部首一部分一部分地表象出来。可以这样来检验，问左偏旁与右半部分的关系。如同科学的“科”字中禾部中间的横与斗部中间的横有何关系，然后看被试的反应时间。问禾字的第一笔与第二横的关系，看其反应时间与上面的反应时间是否不同，哪一个更长些。总的来说，表征的信息量有限，存在着个别差异，有人多些，有人少些。但我们无法测量这种差别的大小。仅用信息的组织结构，我们还不能说明表征的形象，视网膜上的长方形投影输入到脑 17、18 区的神经冲动并不保持长方形的结构，神经活动目前尚不能说明人是如何得到完整的视觉表象的。

下面介绍谢巴德（R. N. Shepard）及库珀（L. A. Cooper）等人所做的实验。谢巴德认为头脑中的表征与它表征的外在事物是相似的，所以可以进行类比。他的实验是用英文字母做的，但我们可用汉字来加以说明。我写一个“丅”，请大家判断它是否是个倒转的“上”字。你必须在头脑里把它旋转一下，才能判断出来。同样，“⊣”是“上”字吗？“⊢”是“上”字吗？实验证明，旋转角度与反应时间有关。如“丅”旋转了 180°，“⊢”旋转了 90°，“丅”的判断反应时间就比“⊢”要长。偏离正常位置的旋转角度越大，反应时间愈长（见图 5－5）。这个关系不是绝对的，而是随着不同刺激而变化的，但总的趋势是这样的。谢巴德认为，我们脑子里的文字表象是正立的，如果输入信息是倾斜的或倒置的，那就必须先将其旋转成正立的，才能作出判断。这种表征叫作类比的（模拟的）表征。所谓模拟，就是说如同人可以把书写的文字旋转一定的角度一样，人也可以把脑子里的表象旋转一定的角度，就像模拟计算机和数字计算机之间的关系一样。

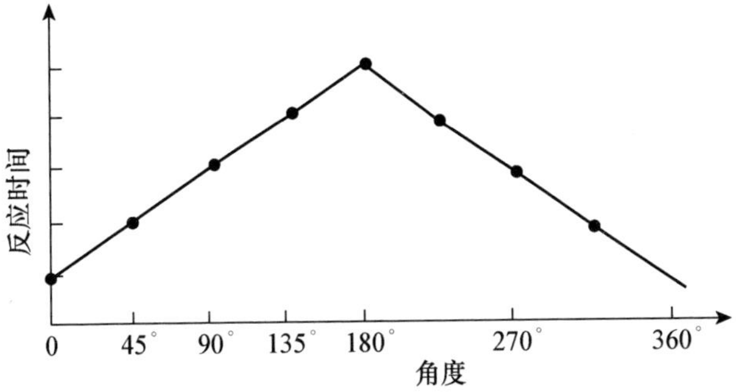

图 5－5　图形旋转角度与反应时间的关系

对其他材料的表征也说明了这一现象。同是一个“上”字形，可以是一组不同方向和长短的线条，对它的表征就是对这几条线的关系的表征。在表征的时候，图形在脑中的旋转不是连续不断的，而是从一个点转到另一个点，再转到下一个点，就像数字计算机一样，是分段进行的。卡彭特（P. A. Carpenter）用谢巴德所用的刺激进行实验，同时记录被试的眼动。眼动照相可以显示被试在什么时候注视了刺激的哪个部分。卡彭特的实验发现，被试做判断时的眼动是系列进行的，眼睛注视的是最主要的部分，旋转的角度越大，注视的次数就越多，所用的时间就越长。卡彭特用数字计算机得出了与谢巴德相似的结果，即表象旋转不是连续不断的，而是从一点到另一点分段进行的。

模拟计算机和数字计算机存储信息是一样的，反应的速度也是一样的。因为用模拟计算机和数字计算机所得的结果是相似的，所以我们不知道心理表征的判断是像模拟计算机一样连续的，还是像数字计算机一样分段进行的。

上面已经说过，画出的图和语言的叙述是不一样的，一是所给的知识不一样，二是恢复的速度不同。我们还可以把这个问题输入到计算机中进行计算，以求得解决。线段可以用数学的方式表示，其长度可以很确切地表示出来。我们可以看出，同一种知识，可以有三种不同的表征方式：计算机的、图形的、语言表述的。要了解这三种方式的异同，我们可以设想一种方式适合于一种材料，另一种方式则适合于另一种材料。

下面再讲一个视觉表象的实验。拜勒（G. W. Baylor）要求被试用视觉表象来表征三维空间的事物。先用语言表述：有一个立方体，每边的长度是 3 英寸，把两个相对的面涂成黄色，再把和它们相邻的几个面涂成蓝色，然后将这个立方体切成相等的 27 个小立方体（边长 1 英寸），问：有多少个小立方体有一个蓝面和一个黄面？在人的心理表征上有些信息是语言表述中没有的。如：哪面涂上色了？涂黄色的是上下两面、前后两面还是两边的面？是顶部涂了蓝色还是前面涂了蓝色？关于这个实验也可以编成一个程序，用计算机来模拟。用一些符号表示立方体的各个面，当人在计算机上编出这样一个符号结构以后，还可以对它进行加工，算出一些小的方块或面的颜色。这个实验还可以继续进行下去，如把这个立方体旋转，切割后看每个部分的颜色。如果计算机有了这个程序以后就能解决这个问题，人是否也能解决这个问题呢？从另一个角度说，如果我们想搞一个关于表征事物的计算机程序，这个程序所保持的知识与人所保持的知识一样，结果能模拟出人的表征活动，那么我们就得出了一个关于人的表征的信息加工理论或模型。

有人做过关于心理表征与记忆的关系的实验。让被试在两个实验条件下学一些联合对偶的词，如“猫—树”等词对。(1) 让被试通过表象在一面墙上看到第一个词，在第二面墙上看到第二个词，如让被试在第一面墙上看到猫，在第二面墙上看到树。(2) 把两个词如猫和树的表象在同一面墙上呈现出来。实验发现，第一种条件下比第二种条件下的学习要多一倍的时间。一个可能的解释是这个现象与信息在短时记忆中的保持有关，但还没有足够的证据。

有些人对不可能图形做了一些研究。不可能图形是一个二维的平面图形，人一看到它就想把它解释成三维的事物，但这又是不可能的。欧洲有个画家叫埃舍尔（M. C. Escher），他画了很多非常复杂的不可能的图形，其中最复杂的一幅是流水图。当顺着水沟方向看时，水流到尽头变成瀑布泻下来，反而又回到了原来的水平（见图 5－6）。所有不可能图形都有一个共同的原理：若把图形一部分盖上只看另一部分，则是完全合理的。

因为图的局部是一个完全可能的东西，而作为一个整体则是不可能的。我们可以得出一个结论：人看图形时，视觉先是一部分一部分进行加工的，然后才看各部分之间产生的关系。

图 5-6　不可能瀑布图

物理直觉问题

专家解决问题是非常快的，一方面他要得到一些信息，另一方面他能很快从头脑中提取出已有的信息。物理学家也常用物理直觉来解决问题。物理直觉是指物理学家一看到某一物理现象就能解释这种现象。图 5－7 卷筒的轴上绕着线，把卷筒放在桌子上，由于有摩擦力，卷筒是不动的。如果我们从左边拉轴上绕着的线，那么卷筒是向右边转，还是向左边转？

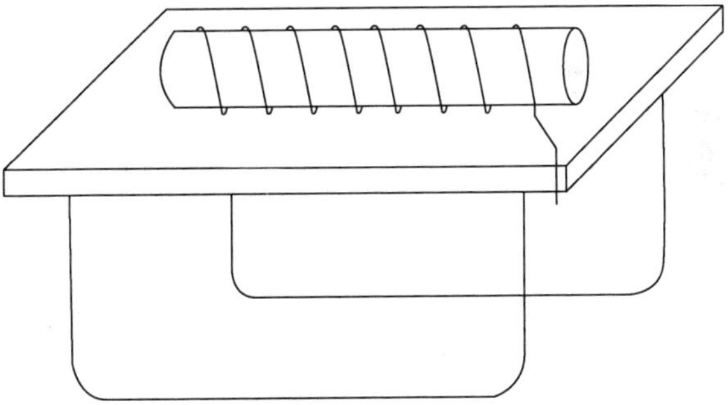

图 5－7　卷筒问题

许多人会认为卷筒应该往右边转，可能还有人认为它原地不动。实际上卷筒应该向左边转。把这个问题提给物理学家，可能他最初也认为应该向右边转。可是仔细想一下以后，他又会认为应该向左转了。他是这样分析的：由于有摩擦力，卷筒与桌面的交点 A 是不动的，线与轴相交的那一点 B 是力点，如果把线与轴的交点和整个卷筒与桌面的交点 A－B 想象成一个杠杆，那么拉的那边就是一个臂。对一个杠杆来说，拉这个点时，它就向拉的这个方向移动，那么在桌面上距离你更近的地方就会有一个新的接触点出现。

我们可能已经多次看过拉卷筒的实验，每次卷筒都是向左转，但仍然觉得很奇怪。尽管我们没有直接的实验证明，但下面的解释还是可能的：我们认为在拉线时，卷筒是围绕轴在转动的。如果轴心是固定的，那么我们向左拉，卷筒就会向右运动。所以我们分析问题时常常分成两步：第一步只想到卷筒是围绕着轴在转动，第二步是想向哪边运动呢？根据杠杆原理，当轴心固定时，向左拉卷筒，它就会围绕轴心向右转。但是这时我们却忘记了实际情况是卷筒的轴心并未固定。所以物理直觉与对物体的知觉是密切相关的，大多数人的知觉都欺骗了自己，虽然轴心并没有被固定住，可是却觉得它是固定着的。

这种情况使我们想到教育学中有关的问题。我们看到了物体转动的实际情况与人的知觉的关系。我们不妨问一下经常与电缆卷筒打交道的工人，看他们的物理直觉是否和一般人的一样。由这个例子使我们认识到应该如何训练一个人不受物理直觉的影响，而更快地掌握正确的答案。当我们给有经验的物理学家提出上述问题时，他们起初也像普通人一样出现错误，但过几分钟后，当他用物理学的知识对问题进行了分析之后，他就会得出正确的答案了。看来通过学习物理学的知识，可以克服物理直觉所导致的错误。

再举一个关于力的平衡的例子。图 5－8 是实验室的一台天平，两边各放一杯水，里面的水一样多。天平是平衡的。这里有一克金子和一克银子。二者重量相同，体积不等，金子小银子大。我们把金子和银子用绳子拴在木棍上，木棍放在天平的上面，使金子和银子都泡在水里，同时又不接触到杯底。问这种情况下天平是否平衡?

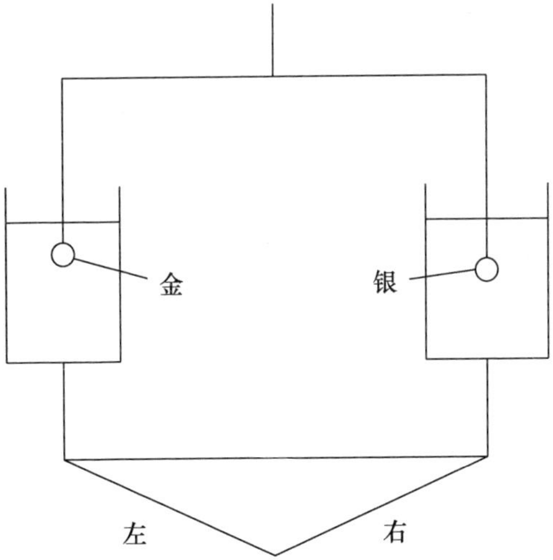

图 5－8　重量实验

有人认为放金子这边天平会下降；有人认为放银子这边会下降；也有人认为两边仍然是平衡的。他们的解释也会是不同的，由于我们没有物理直觉，因而对别人所做的解释都可能认为是对的。有人说放金子这边下降，原因是金子重，我们会认为他说的对；有人说天平是平衡的，因为金子和银子一样重，我们也会认为他说的对。但是这两种答案都不对。正确的答案应该是放银子的这边重。一般说，刚学完物理的中学生最容易答对。如果我们分析他的口语记录，就会发现他的物理知识使他能够对情境作出正确的分析，得到正确的答案。他首先分析到两个物体放在水里会对天平产生一定的作用力。到底是什么力引起天平的变化呢？他又想到，一个物体放在水里，水就会有一个浮力支撑着这个物体，正像我们游泳或洗澡时受到浮力的作用一样。此外，还有一个反作用力，否则物体就不会在水中静止不动。对于天平来讲，有两个向下的力，它们正好等于浮力的大小。我们知道浮力的大小与物体体积的大小成正比。大的物体排出的水多，受到的浮力就大；反之，浮力就小。因为金子比银子的比重大，它的体积比银子小，排出的水就少，受到的浮力就小。杯子里的水对银块的浮力大于水对金块的浮力，这样，施给天平的反作用力，在银子这边就比金子那边大，因此银子这边就下降。在这个问题的解决中，不只是用的特定的信息：金子比银子比重大；还应用了其他的物理知识：作用力和反作用力相等。在物理直觉中，重要的是在这种问题情境下起主要作用的是哪一个力。作为一个物理学家，他用以解决问题的知识必须包括各方面的知识。只知道比重的一般原理是不够的，还需要有某一方面的特定的知识。

再举一个关于化学的例子。如图 5－9 所示：一个盆子里放着水，水里竖着一根点燃的蜡烛。拿一个烧杯，把它扣在蜡烛上，蜡烛就灭了，烧杯里的水面就上升了。

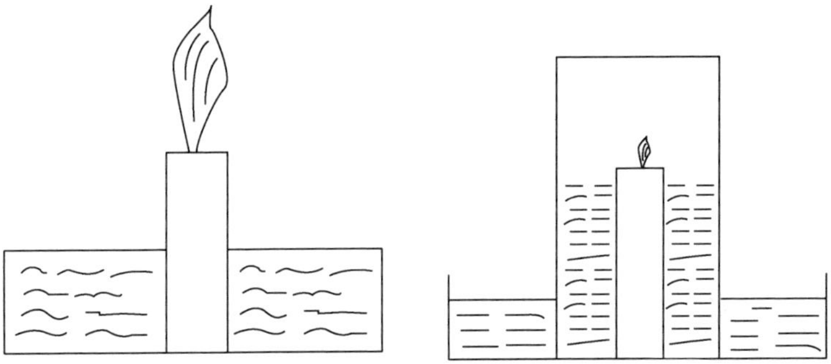

图 5－9　蜡烛燃烧实验

为什么烧杯里的水面上升了？有人做这样的解释："蜡烛在燃烧时有碳，空气中有氧，这二者的结合就是 CO_2。一般地讲，空气中有 1/5 是 O_2，O_2 少了空气就少了，水就升上去了。"这样的解释是不对的，因为 CO_2 也是气体，如果空气中去掉一个分子的 O_2，也就增添了一个分子的 CO_2，所以气体的数量并没有变。从 19 世纪起，化学上就有这样一个规律：不管是什么气体，1摩尔的体积都是一样大的。根据这个原理，O_2被燃烧了，变成CO_2，其分子是一样多的，体积也是一样大的。这样，杯子里的水就不应该上升。但事实上杯子里的水却上升了。如果我们多学一点化学就会知道，CO_2可以溶于水，它进入水里面去了，而没有变成气体。这种解释可能并不十分完全，因为在实验中温度还有变化，也许空气冷了以后水面还会有变化。我们的兴趣不在如何解决这个问题。我们主要强调，无论物理直觉还是化学直觉，都是以广泛细致的物理、化学知识为基础的。如果没有足够的各方面的知识就没有直觉。当我们研究学生如何学习物理、化学或其他学科时，就会知道各种专家的直觉是怎样的，并且可以知道为了解决问题应具有哪些知识，这些知识在内部是如何表征的。

对初学物理的人曾做过两个方面的研究：一是对解决物理问题作出了一个计算机模型；二是分析了在解决物理问题时的口语记录。第一个方面的研究主要是由罗克（G. Noork）进行的，1980年拉金（J. Larkin）等三人合写的一篇文章详细地介绍了这项研究。这个物理模型所解决的物理问题如下：一个梯子从墙根向上斜立着，梯子的顶端与墙之间用一条30英尺长的绳子连着。梯子长50英尺，重100磅，重心在离地面20英尺处，1个150磅的人站在离梯子顶端10英尺的地方（见图5-10），问题是求出绳子的张力。

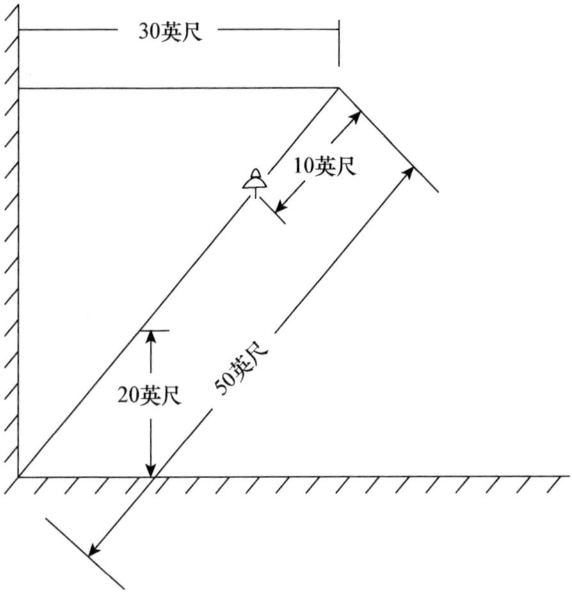

图 5－10　梯子实验

如果我们把这个问题提给人或计算机去解决，在不许画图的情况下，人和计算机需要哪些基础知识呢？首先，人或计算机必须有一定的分析语言的知识。例如，对“梯子的脚在一堵垂直的墙根处，以这点为支点”这句话，人或计算机必须通过语言了解事物之间的关系。什么是梯子的脚？什么是垂直的墙？……这句话里有主语、谓语、宾语；谓语必须和主语“梯子的脚”发生一定的关系，还得和宾语“墙”发生一定的关系。当然，只了解一定的语言是不够的，还必须了解一定的意义。

不管是人还是计算机，必须懂得什么是梯子；要知道梯子有脚，它是梯子的一端；另外必须知道梯子的物理学知识，梯子是长形的。在这个物体上可以施加一定的力的作用，梯子所起的作用是一个杠杆的作用。为了解决这个问题，计算机或人的必要信息是把梯子看成一个杠杆。如果做了这种转换，就知道梯子的脚是杠杆的一端。所以，设计这样一个程序需要大量的知识或词汇。

在罗克设计的程序里，把这一类信息都保存在图式（框架、类表、结构）里。在记忆系统里有各种图式，如梯子的图式。梯子的图式告诉我们梯子是一个杠杆，杠杆里面包括更多的内容，如杠杆有一个支点，支点本身是不动的。这个实验里，梯子的脚是不动的，我们可以把它看作是支点。杠杆还有一定的长度、重量、重心等等。关于杠杆的另一方面的知识是，我们可以对杠杆施加力的作用，如给支点一个力，这点是梯子和墙相交的那一点。同时重心也有一个力的作用，人站在梯子上也是一个力的作用。在绳子拉住顶端的那一点也有一个力的作用。要解决杠杆问题，计算机程序或人的记忆里需要有一系列的知识。一旦人或计算机程序辨认出杠杆这两个汉字，就会从记忆中把杠杆的图式提取出来，立即认识到所需要的关于杠杆的知识，用它们来解决课题。

我们可以把图式的各种特性看成好多空洞，再找出每个空洞必须填进的内容。图式本身就可以指导我们找出所需项目、数据，同时也告诉我们这种问题是属于哪种性质的问题。问题的叙述已告诉我们，这个问题不仅涉及杠杆的图式，而且还涉及绳子的图式。绳子在物理学上是一个线性的物体，可以传导力的作用，这就需要填补关于绳子这一图式的空洞。所缺的信息包括力是如何作用的；其数据资料是什么；绳子两端与什么相连等。此外还需要其他的图式，如人的图式（质量），墙、地面的图式等等。

一旦人或计算机程序确定了这个问题所需要的图式，以及每个图式所需要的数据，然后就会把这些图式综合在一起变成一个新的图式——问题图式（problem-schema）。在问题图式中说明了各个分图式的关系。为了判断人或计算机是否理解了这个问题，可以要求人或计算机程序画一个关于这个问题的图解。如果人能画出一个图解，哪怕是粗略的图解，就说明他确实理解了问题。如果计算机理解了这个问题，它就能在显示器上呈现出这个图。如果人或计算机程序画不出图解，可能是问题没有说清楚，或者是人或程序没有听懂这个问题。对一个问题的理解有不同的水平，可能是肤浅的也可能是深刻的。如果这个系统能对问题有深刻的理解，那么它不仅能画出图来，而且能把力的作用关系用方程式表示出来。但是当这个系统能写出方程式时，并不一定说明它已经理解了这个问题，因为有时写出了方程式却仍不能解题。在所谓不可能的问题里，如前面提到的，把一根木棍截成两节，一节长、一节短，短的这节要长于长的那节。所有认出问题有毛病的被试是通过画图达到的。如果一个人不画图，常常很难看出问题的毛病。要对一个问题有所理解并写出方程式来，最好的方法是先画出一个图来，有个内部表象，然后再写方程。有了方程就可以使问题得到解决。把语言文字题目换成代数方程，不仅是句法的翻译问题，还必须认识整个问题的相互关系，否则就很难做到。所以在解决不可能问题时，如果先写方程，往往就会做错。总之，利用已有知识分析语言，提取有关图式，填充其中空洞和组成新的问题图式，是计算机和人在不准画图的情况下解决问题的基本过程。

我和西蒙（H. A. Simon and D. Simon）对专家和一般人解决动力学问题做过一个实验。问题是：一颗子弹从枪口射出的速度为 400 米/秒，枪膛长半米，假定子弹在膛内做匀加速运动，求子弹在膛内的平均速度。我们要求一个专家和一个生手解决 20 个这类的问题，如自由落体、抛物运动和打枪的问题等。这里所要利用的唯一的物理学原理就是吸引力对物体作用的原理。只是在上述的子弹问题中，不需要考虑重力，因为子弹是在枪膛里加速的。解题的专家不是专业的物理学家，而是解决过很多物理问题，受过很好教学训练的人。所谓新手是几

年前念过物理学的人。结果发现，新手要用四倍于专家的时间来解决这个问题。新手会出错，而专家没有出现同类的错误。其他方面大致是一样的，如两人都是从阅读问题开始的；为了解决问题，他们都能回忆出用哪个方程，新手有时要查阅一下物理书，看所用的方程是否正确；最后专家与新手都能解决这个问题。解题以后若再向他们提出问题，并分析他们的口头报告，这时就会发现他们之间有很大的差别。如问：（1）子弹在枪膛里的平均速度是多少？专家说："很明显，400 米/秒的一半是 200 米/秒。"（2）开枪后子弹在枪膛里走多长时间？专家回答："如果平均速度是 200 米/秒，枪膛长半米，那么就应是一半。"但他又说："等一会儿，应该是 1/400 秒。"可以很清楚地看到，专家很少提到用什么方程或定律，而实际上他是利用了必要的方程，一步步地解决这个问题的。但在新手的口语记录中，却常常提到用什么方程，并把数代到方程中去才解决了这个问题。新手说："平均速度$=\frac{\text{初速度}+\text{末速度}}{2}=\frac{0+400\text{ 米/秒}}{2}=$ 200 米/秒。"专家一步就能解决的问题，而新手要用两步才能解决。专家是把这两步合成一步，而不具体想这个方程的。因此，专家的口语记录要比新手的口语记录短得多。通常专家每分钟说的字要比新手多一倍，他说的话只是新手的一半。这与过程的自动化有关。在获得了技能的自动化后，如骑自行车很熟练时，可以无意识地完成很多复杂的动作，而新手就必须随时有意识地注意每个动作的环节。专家的口语记录很短，而且速度快，是因为许多中间的步骤没有在短时记忆中出现，所以报告不出来。

专家与新手的另一个差别是，专家的口语记录多数都是与题目有关的，很少提到题外的话；新手则做了许多原叙述（描述和评价自己的过程）。例如："哎呀，这道题该怎样做?""我这样做错了。"在解打枪的问题时被试说："应该是每秒 200 米，这应该是对的。""哎！这有些问题。"可是在专家的口语记录中很少出现这样的叙述。

解决这类问题包括许多变量，例如在打枪的例子中，子弹在枪膛中的初速度、出枪口的末速度、在枪膛里的平均速度、子弹的加速度、子弹在枪膛里的时间、枪膛的长度等。被试在叙述问题时会找到一些变量的数值。被试的任务是用已知数去计算未知数，如果我们用手段-目的分析法，开始是缩短与未知数的距离，最后是将未知数变成已知数。被试的任务是要找出合适的算子列出方程，算子使未知数与已知数发生关系。被试想：我要求出平均速度。平均速度$=\frac{\text{初速度}+\text{末速度}}{2}$。现在已知初速度和末速度，又知平均速度，要求知道子弹在枪管里的时间，就想起了时间 $t=\frac{\text{距离}}{\text{平均速度}}$，最后解出时间了。这就是手段-目的分析法，是用通用问题解决程序（GPS）来解决问题的。差别是一个未知数和一个具体已知数，要把未知数变成已知数，算子是方程式。在方程式里，平均速度是一个因变量。根据口语记录，我们发现上述过程就是新手的行为过程，它正好像通用问题解决程序的过程。

新手的行为过程，基本上和通用问题解决程序的过程相同，其主要办法是把想要求得的东西列成表，然后用一个方程式来进行计算。在计算中把所要解决的每一个项目作为因变量，如果其他变量已知，那么，通过这个点就可求得未知变量，而把要求得的东西从表中消掉。假定我们要求新手计算时间，他一看就知道距离是已知条件，平均速度是未知条件，于是他就先求平均速度，并把平均速度列到表上。

我们编写的程序和新手解决问题的过程几乎相同，看能否把这个问题用产生式加以解决。这个产生式的有些变量已知，有些变量未知。产生式是列出一些方程来计算已知的数和未知的数。例如在求平均速度 $\bar{V}$ 的产生式中，已知 V_0 与 V_t，就利用方程式 $\bar{V}=\frac{V_0+V_t}{2}$求出 $\bar{V}$。实际上，产生式的程序是模拟的人的行为。

专家的行为有一个重要方面与新手不同。开始时，专家不去注意哪几个变量是未知的，而注意哪些变量是已知的。假如

首先知道 V_0 和 V_t，就要从已知量中去推算出其他变量。专家与新手解决问题的不同点就在于，专家不是从目标往回走，而是扩展已有的知识去解决问题。我们分析专家的口述记录，发现他们不是寻找要求得的东西，而是从已知的东西往前走。这一发现使我们惊讶。因为在教书时总要求学生去发现题目问的是什么，为了得到答案去利用已有的知识。这种教法表面上合理，好像是有的放矢，可这是新手解决问题的办法。专家是根据已有的东西，想办法加以利用。只有当专家遇到难题时，他的解题步骤才与新手相近。我们按以下方式解释这一现象。

专家看到问题时，发现已经提供了什么数据，就立刻想到用哪些工具（公式、方程式）能得到新信息，从而对问题的相互关系增进了解。例如，当看到一个人脸上有血，就认为他受了伤，不必通过手段-目的分析来得出结论。我们把这种简单的、立即就能得出答案的结论称为即时推理。我们看到一种情境，从中得到一些信息并马上进行推论，从这个推论中又得到信息。这样，对情境就有了理解。这种推论往往是意识不到的，通常再认就是这样一种过程。假如我们看到一个人的嘴角向下撇，我们不仅得到了这个人的嘴呈“八”字形的信息，而且还得到没有意识到的推理，即他不高兴了。因此，通过对事物的表面现象做无意识的推论，可以得到对事物的认识，而且得出的总信息超过了表面现象所提供的东西。许多年前，布鲁纳（J. S. Bruner）把这种现象描写为“超越了当时所提供的信息”。当专家一旦看到一个属于他的知识领域的问题时，就能立即得到丰富的信息，能了解到这个问题的内部含义。专家通过已知的数据可作出许多即时推理，即时推理假如包括了他们要解决的未知的东西，他就不必作出计划而能立即作出结论。如果这个专家不能立即推理，就会用手段-目的分析法来解决问题。这时，他就把注意力放在目标上，缩小了探索的范围，有了固定的方向性。有时，专家要解决一个困难问题，而又解决不了，他就把问题放在一边。根据已有的数据继续扩展，得到更多的信息，把这些信息存入记忆中。这种把搜集更多的信息存起来的行为就是搜集信息的行为。

有时为了解决问题，往往交替使用两种方法。如果利用推理解决不了问题，就搜集信息。专家解决问题时，不论采取即时推理还是采取信息搜集，表面看来都是物理直觉。例如他采用即时推理时，不是把关于动力学的全部方程式都加以利用，而是只利用其中一两个。物理学中的动力学部分，需要学十几个方程式，但只用四个方程就解决了这个问题。简化形式是：（1）距离＝平均速度×时间。这个方程很容易理解，有一个平均速度，经过一定时间的运动，就能走完一定的距离。（2）类似上面的方程。如果物体是加速运动，那么最终速度就等于加速度×时间。这是和我们的知觉密切联系的。(3) 平均速度=$\frac{V_0+V_t}{2}$。这个平均速度的公式也可以从生活经验中得到理解，初速度是V_0，末速度是V_t，平均速度是初速度和末速度之和的一半。(4) 还有两个公式的关系。一是运动的距离等于1/2的加速度乘时间的平方，即$S=\frac{1}{2}at^2$，这是伽利略定律。这个定律不像上述方程那样与经验密切联系，但可以相信它，它是从头三个公式推导出来的。另外一个方程是$V_t^2=2aS$，即末速度的平方等于2倍的加速度乘以距离。这个方程看起来很神秘，不能从生活中直接体验到这种关系，但如果在物理学中学过守恒定律，就能作出合理的解释。

以上试图说明一个问题，专家解决问题时总是用简单容易理解的办法，新手则用复杂的方程式解题。从口语报告中看到，专家在想这个问题时，不是用抽象的方程式想问题，而是根据生活经验，用视觉表象表征出具体情境来解决问题。如果回顾历史，查阅伽利略发现自由落体定律的资料，就会知道，他是这样向读者介绍他的发现的：他首先谈一些速度、时间、距离等简单的关系，再简单介绍伽利略方程。先让读者相信距离与平均速度和时间是发生关系的，下一步再使读者相信，平均速度是初速度和末速度之和的一半。他向读者介绍的方法代表了他的发现过程。他的发现是通过语义说明一步一步达到的。

专家与新手解决问题的差别可以归纳为以下几个：

第一个差别：专家不注意中间过程，可以很快地解决问题；新手需要很多中间过程，而且要有意识地加以注意。这种差别使专家的口语记录短得多，解决问题的速度也快得多。

第二个差别：新手先明确目的，从尾到头地解决问题；专家或者立即推理，或者搜集信息，从头到尾地解决问题，即是一种再认过程。

第三个差别：专家更多地利用物理直觉，即根据生活经验的表征来解决问题；新手则更多地依赖正规的方程式解决问题。专家解决问题依据的经验中的基本关系是复杂方程式的基础。

近年来，认知心理学中有关思维的研究，主要是在解决物理问题和数学问题方面。下面举一个用内部表征解物理学问题的例子。这是拉金所做的有关解流体力学问题的实验。这一问题的物理学原理很简单，在U形管子里装上水银，管子两边的直径相等，自然两边的水银在同一水平上。当管子右边灌入14厘米的水，把水银压下一定距离时，左边也随之上升一定距离。告诉学生水银的密度是水的密度的14倍，水银的密度不因加水而改变。问题是：左边比原来升高了多少？这个问题的关键是右边水银降低的距离和左边上升的距离应该相等。成功地解决这一问题的学生是利用画图的方法表现了各种关系（见图 5－11）。

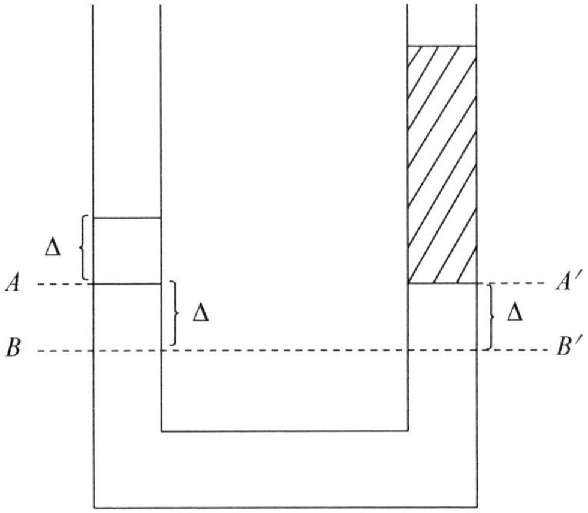

图 5－11　U 形管水银实验

根据学生们的口语记录分析，他们的推理过程是：假定原有管子两边液体的高度是 A 和 A'，$A=A'$。当灌入水以后右边 A' 下降到 B' 的水平，由 B' 画一水平线 BB'，这条水平线以上两边的重量应该是相等的，即 $2\Delta\times14=14$，所以 $\Delta=\frac{1}{2}$ 厘米。解决这个问题需利用的唯一物理学原理是：两边重量相等，液体平衡，处于静止状态。除了利用这个简单的原理外，他所需要的解题的其他推理过程都要利用画图。比如把下面一部分可以完全忽略，只注意上半部分，即可得出方程。通过图可以看到水下降多少，水银上升多少。拉金根据解题的口语记录分析，认为解题者能否解这个题，不在于他的知识多少，而在于能否用表征把这类关系表示出来。拉金利用正确解题者的解题过程，编写了一个计算机程序，模拟学生解题的思维过程。这个计算机模型是产生式系统，包括三种产生式。

第一种产生式是物理学产生式，利用物理定理推论这个系统的相互关系。第二种产生式是几何学产生式，从几何学产生式推论，右边下降多少，必然把左边推上去多少。通过这两种产生式可理解计量方面的相互关系，也可理解图上的相互关系。第三种产生式是代数产生式，通过代数产生式可以解代数方程式。解题正确的学生是利用这三种产生式来解决问题的。

拉金还模拟了解题错误的学生的思维过程。把三种产生式的一种或某一产生式的一部分抽掉，产生式系统就不完全了，这样能把学生产生的错误模拟出来。

把物理产生式抽掉，计算机产生的错误跟学生产生的错误差别很大。把几何产生式抽掉，计算机产生的错误和学生的错误一样。可见，做错的学生对物理学的知识是具备的，错误在于不能在内部把图解的相互关系、几何的相互关系表征出来。这个计算机程序告诉我们，可以利用这种方式研究人的内部表征问题。根据解决问题时的内部表征，可利用计算机建立一些模型，模拟人成功地解决问题的方法。同时通过计算机程序某一部分的改变，也可以研究人的错误是怎样造成的。即使不用计算机模拟，通过被试的口语记录，也可以研究他们如何解题，错误出在哪里。

对问题的理解

理解问题和解决问题是不同的。

测量人的智力的方法是给被试一些任务，看他完成作业时成功与失败的情况。如果要把智力与知识分离，单独测验智力，就得出一些内容广泛、不限于某一专业范围的题目。当然，要设计一个完全脱离过去知识经验的测验题是不可能的。智力并不是一个独立的单元，而是在解决问题过程中表现出来的不同方面的能力，对一个人来说，他在各方面所表现的差异可能是很大的。

我们要研究理解，就可以给一个人许多不同种类的任务，让他来理解，然后测量他理解的程度。例如给被试讲一个故事，测验他对故事的各个部分是否理解了。美国学校里常要求学生进行语法图解。如把“This is a story”这句话进行图解，就是找出主语（this）、谓语（is）、宾语（story）。如果学生能用图解来分析就说明他理解了这个句子。但是，如果不知道 a story 的意义，只要知道它是名词，仍能进行图解。所以这种测验方法只是对语法理解的测验，而不是对意义理解的测验。

另一种测验方法是提问题。例如给被试讲“愚公移山”的故事，然后问愚公为什么移山以及其他问题。如果被试对故事的内容、对人物的动机有所理解，他就能回答问题。近年来，有关理解的一些研究，就是通过讲故事、提问题进行的。在美国耶鲁大学和加州大学已经编写出了能够理解故事的计算机程序，它可以回答有关故事的问题。

再一种测验方法是通过动手做，看是否达到了理解。例如买一盒风筝零件，里面有纸、线和竹棍，还有制作说明。要求被试根据制作说明糊风筝，看他是否理解了制作说明。如果他能把风筝糊好，这个风筝能够放得起来，就说明他理解了说明书。能不能根据说明一步一步地去做某种事情，这是人类理解的重要方面。特别是在现代，在科学技术和工业高度发展的社会里，人们的学习不可能都靠模仿父母的行为。美国国防部每年都要花大量的钱去编写武器设备的说明书，因为军事人员是按照说明书来了解操纵、维护和修理武器装备知识的。心理学家做了大量研究，以了解人是如何理解说明书的，怎样才能把说明书编得更易被人看懂。

理解的一个重要指标就是看一个人能否用平常的语言把问题陈述出来，并通过对问题的陈述产生关于问题的内部表征。

假定被试有解决问题的能力，即具有通用问题解决程序，他就能以通用问题解决程序对内部表征进行加工，最后才可能对问题作出解答。这就是理论上的理解过程。换句话说，我们能不能解决问题，就在于能否在内部产生表征，并用通用问题解决程序对内部表征进行加工（见图 5－12）。

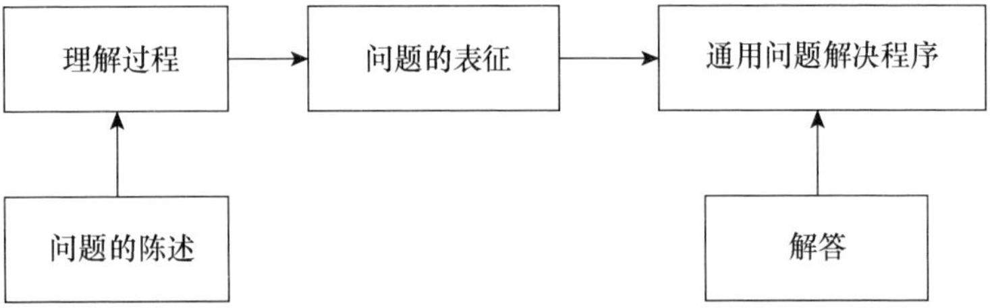

图 5－12　理解过程的程序

在心理学实验中，先给被试提出问题，对实验的要求进行解释、说明，帮助他理解；然后用一些测验检验他是否达到了理解，主要就是看他能否正确地陈述，并在内部建立表征。被试用一定时间进行理解之后，就要去解决问题，在解决问题的过程中又会发现他并未真正理解这个问题，因而出现了与规定不相符合的动作。这时主试就要指出他的错误，他就要设法改正。被试的口语记录开始往往是陈述问题，中间一段是从理解到解题的反复过程。可见理解和解题并不是无关的，而往往是通过解释给理解提供新的信息，使理解更加深入。如此循环往复，使问题更容易得到解决。

为了模拟解题过程，需将其简化。最简化的过程是第一步达到完全理解，然后进行解题。如果要更完整地表现这一过程的话，就应该在模拟程序里放进理解与解题交互作用的部分。为了确定表征部分有哪些信息，信息以什么形式存在，首先就要确定在解题过程中需要哪些信息，这些信息的形式又是怎样的。为了解决一个问题，就需要确定问题空间有哪些内容。通用问题解决程序就要求具备有关课题的知识。拿解决河内塔问题来说，它就要求那些关于圆盘和棍，以及问题之间关系的知识。如圆盘在棍上，一个圆盘在另一个圆盘上面等。除此之外，通用问题解决程序还要求知道哪些动作符合规则，如每次只能挪动一个圆盘，圆盘之间有大小的关系，不能把大的盖在小的上面。为了使通用问题解决程序能够工作，还要了解有哪些差别存在，如圆盘在一个棍上而不在另一个棍上，一个圆盘挡着另一个圆盘等等。要了解河内塔的解题过程，就要把解题所需的全部信息列出来（如表 5－1），并把这些材料存储在计算机的记忆里。

表 5－1　　　　河内塔问题的解决

对象——圆盘，棍。
关系——圆盘插在棍上，圆盘在圆盘上面，下面的圆盘要比较大。
动作——圆盘从一个棍上挪到另一个棍上。
差别——圆盘在一个棍上而不在另一个棍上，一个圆盘挡着另一个圆盘。

我们在心理上是以表征的方式来解决河内塔问题的。一个动作（挪动圆盘）的记忆过程也是清楚的。如果在表象上是把A棍上最小的圆盘移到C棍上，这就相当于把A棍上的1抹掉，而在C棍上加上1。可以设计一个测验来检查被试是否已经理解了这个问题。比如问挪走第四个圆盘是不是合法的动作。这个动作是不合法的，因为它在表征中能看到在第四个圆盘上面压着三个圆盘。同样，把第二个圆盘从A挪到C也是不合法的，因为C上面还有一个更小的圆盘。因此，关于解决河内塔问题的基本信息，实际上都以表征的方式存在于记忆里面了。这样就可以编写产生式系统的程序，也可以设计一些测验，看当前状态与目标状态之间的差别有多大。

我们可以用许多方法把河内塔的信息存到计算机的程序中去。同样，一个人理解这些问题时也可以用许多方法把它在记忆中表征出来。如列出河内塔的三根棍的图式，这个图式包含有三个需要填充的空格。在每根棍的图式后面的空格中把在它上面的圆盘填进去，如表5-2所示。开始时所有圆盘都在一根棍上，其他两根棍是空的。这正像我们在记忆中表征这个问题一样，首先有三根棍，棍A上有五个盘，棍B和棍C是空的。因此，我们可以把心理表征看作计算机的图式，用这种方法来实现人工智能的模拟。

表 5-2　　按棍列表图式

棍	A：	5、4、3、2、1
	B：	______
	C：	______

问题同型

另一种解决河内塔问题的表征方式是列出一系列的圆盘，每一个圆盘下面都有一个需要填补的空格，这个空格里的号码告诉我们这个圆盘当前在哪根棍上。在挪动之前，圆盘都在 A 棍上。这种表征方式的程序编制与原来的编制方式不同。原来的表征方式是把 1 号盘从 A 挪到 C；现在这种方式要反过来，先找出 1 号盘，把它的空格上的 A 字抹掉，把 C 换上去，表示它挪到 C 棍上了，如表 5-3 所示。

表 5-3　　按圆盘列表图式

	圆盘				
	1	2	3	4	5
棍	Ⓐ C	A	A	A	A

可以看到，后一种表征方式更有利于动作，因为它只要求改动一个符号。但这种方法要求抹掉一个符号，然后再加上一

个符号，需完成两个步骤。测验一个动作是否合法，前一种方式优于后一种方式。用后一种表征方法，若把 1 号盘从 A 棍挪到 C 棍，看把 A 改成 C 是否合法，就要检查其他盘是否都在 A 上面，看看 A 上面其他所有的圆盘是否都比它大；如果把它挪到 C 上，其他圆盘是否都在 C 上；如果在 C 上，是大于它还是小于它。从这里我们看到，对同一个问题可以有两种同型的表征方法，这两种表征方法就称为问题同型（problem isomorphs）。

从鬼传球的问题上也可以看到同一问题有两种同型的表征方式，一种相当于鬼传球的方法，另一种相当于鬼变球的方法。

所谓鬼传球的问题就是，已知有小、中、大三个鬼，他们分别拿着大、小、中三个球。通过互相传球，最后使大、中、小三个鬼分别拿大、中、小三个球。相互传球的条件是，每次只能传一个球，如果接球的鬼手中已有一球，传出去的球必须大于他手中的球，传球的鬼手中有两个球时，必须把大的传出去。解决这个问题的过程如图 5－13 所示。

所谓鬼变球的问题是，已知有小、中、大三个鬼，分别拿着大、小、中三个球。每个鬼都能把自己手中的球变大或变小，但每次只能由一个鬼变自己手中的球，且不能变得和另一较大的鬼所拿的球一样大，每次变后出现两个球相等时，必须先变

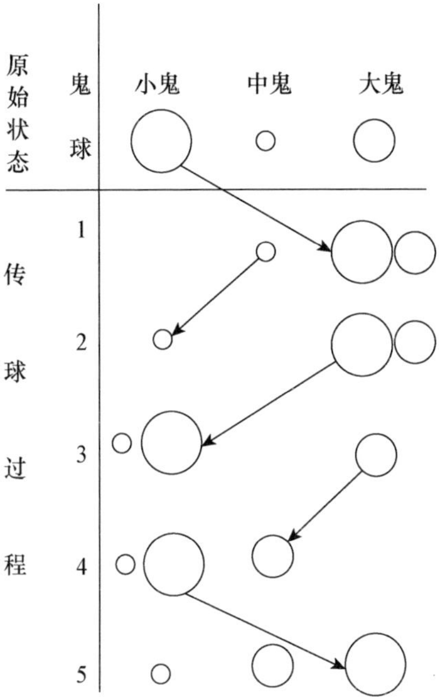

图 5-13　鬼传球问题

大鬼所拿的球。按照这些规则，尽快让小、中、大鬼手中的球分别变成小、中、大球。这个问题的解决过程如图 5-14 所示。

鬼传球和鬼变球两种表征方式都是正确的，但利用两种不同的表征方式解题时，对解题者的要求是不同的。它们要求不同的计算能力和不同的短时记忆容量。我们直觉地可以看出，前一表征方法比后一表征方法更易解题。因此，我们可以解释为什么鬼传球的解题时间要短于鬼变球的解题时间。

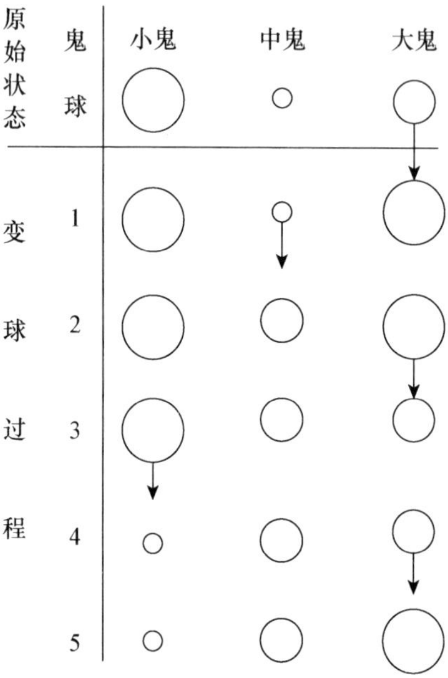

图 5-14　鬼变球问题

怎样才能知道被试解决鬼和球的问题时，是采用了鬼传球的表征方法，还是鬼变球的表征方法呢？为了研究这一问题，编制了一个“UNDERSTAND”程序，这个程序可以根据陈述，建立两种不同的表征方式，但事先并没有有意地让程序产生哪种表征方式，也没有规定它走哪条路线。这个程序可以把搜索到的关于解决问题的信息整理出来，也可以根据陈述，把课题间的关系建立起来。如果文字陈述所给的题目是鬼传球，这个程序自然地会把鬼作为主要课题，把球作为次要课题；如果题目是鬼拿着一个球，球在扩张或收缩，那么球就是主要课题，鬼就是次要课题了。如果是鬼传球，首先要列出包括大鬼、中鬼和小鬼的表，而把每个鬼拿着什么样的球作为附属问题。第二种情况下把球作为主要课题，就要把球列出一个表，而将每个球的变大变小，以及它们在哪个鬼手里拿着作为附属问题。当然，这个程序事先并不知道哪种表征方式更容易解题。因此，两种程序都是根据问题的语言表述，自然地得出来的两种不同的表征方式。实际上，如果赋予程序的题目是鬼传球，那么它所产生的是比较复杂的表征方式；如果给的题目是鬼变球，它所产生的就是比较简单、容易的表征方式。

我们对人也做了同样的解题实验。当鬼和球的问题不同时，被试的陈述就不相同。被试在解决鬼传球和鬼变球的问题时所利用的语言、画的图画以及每个动作过程都是不同的。在 40 至 50 个被试中，有一半以上在鬼变球问题中把球作为纵列，而在鬼传球问题中把鬼作为纵列。为了表示每个动作，在鬼变球时以球列表，在鬼传球时以鬼列表。鬼变球时，40 个被试除了一个之外，都画了以球为主的图；鬼传球时，多数人画了以鬼为主的图。如果让同一被试解决这两个问题，则解决鬼传球问题所用的时间是解决鬼变球问题所用时间的一半。我们用两种不同的问题陈述，可以使计算机自然地接纳两种表征图式以及根据这两种图式解决问题。如果把实验结果、计算机程序和被试陈述这三方面的材料结合在一起进行分析，就可以看到，解决问题的过程基本上是按上述两种图式进行的。从计算机模拟可以看出，为什么对于两个问题有两种不同的解题程序和两种不同的表征图式，也可以看到，为什么鬼变球的表征方式比鬼传球的表征方式更困难一些。

下面我们把 UNDERSTAND 程序和 ISAAC 程序结合起来建立一个新的程序，这个新的系统不但能理解问题，而且还能学会新的学科。ISAAC 是牛顿的名字，这个程序具备某个领域的知识或图式，并可用已有的图式去解决问题。例如，如果这个程序的记忆中存储着关于杠杆的知识，那么它就能理解关于杠杆的力学问题。UNDERSTAND 程序事先并不具备某种学科的知识，但它也能达到理解。它是在工作进行过程中建立图式的。当前的问题是，如果要学习一个新领域的知识，这个系统需要具备哪些功能？它所需要的是前面所讲的两种程序的功能，即在学习过程中提取利用已有的信息，同时在学习过程中建立图式的功能。为了模拟学生学习物理课程，需要把这两个程序的功能结合起来编写程序。结合起来的新的程序用图 5－15 表示。

第一步是对问题进行陈述。这两个程序都有阅读文字的功能，能建立新的图式，利用图式理解问题、陈述问题和建立表征。下一步是通过问题解决程序，达到问题的解决。据了解，

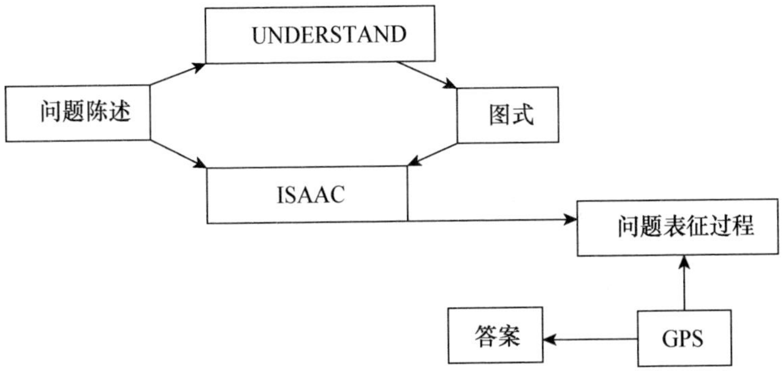

图 5-15　UNDERSTAND 和 ISAAC 综合程序

到目前为止，还没有人编制出把这两个系统的功能结合在一起的程序。做到这一点可能是不容易的，但现在我们对此已经有了了解，这种结合是能够做到的。建立这么一个综合程序，就要利用新的算子来建立对问题的表征，然后再进行加工。

结构不合理的问题

结构不合理的问题（ill-structured problem），或结构上有毛病的问题，指的是那些意义、目标或算子不明确的问题。河内塔问题是理想化的、结构完整的问题。此外，像书生和野人过河的问题，下棋、物理以及数学问题，也都有明确的目标、明确的任务范围，而且算子的动作也是合理的。这些问题都是结构完整的问题。

可是日常生活中的一些现实问题和专业问题，却并不那么清楚明确。如果我们自己真的要过河，船能载多少人、船速快慢、沿河走路是否会有桥等，对这些问题我们事先并不一定知道。同样的情况，建筑师要设计一幢大楼，盖楼的单位提不出明确的要求，不知道楼里各房间的用途，也不知道都需要用什么样的材料等等。然而建楼的细节又是很重要的，这些只有通过设计师和用户的互相商讨才能逐渐明确。所以说解决楼房设计问题的过程包含一系列的步骤：首先要提出整幢楼房主要轮廓的初步设计；然后再与用户讨论；用户提出新的要求；按用户提出的要求再次进行设计……这样一步一步地进行下去。这是一个循环的过程，或者说它经历了一系列的周期，如图 5－16 所示。设计师在解决问题的过程中并不一定就知道怎样达到目的，他需要进一步去搜集材料，征求别人的意见。这个过程是我们实际生活中经常遇到的。

上述解决问题的过程与计算机程序解决问题的过程不同，它达到目标的各种要求是逐渐满足的，它的一部分目标要从计划空间过渡到细节空间。这里并不是说开始的目标是抽象的，最后的目标是具体的，而是说最后的一次设计和开始时的计划可能差别很大。同样，在设计中算子也会随设计的进程而改变。

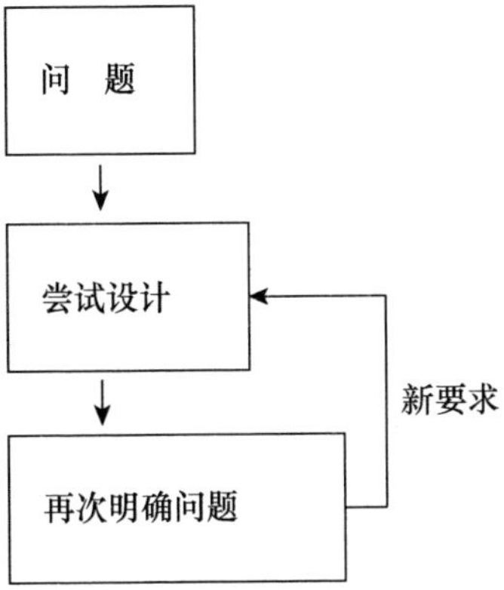

图 5-16　解决问题的循环过程

例如，工程师设计一座桥，开始设计成了拱桥，后来发现地基不适合，这就需要整个改变设计方案。生活中的问题更为复杂多变，因此模拟理论也应该适用于模拟这些生活中的问题。在解决这类问题时，虽然目标是经常改变的，但是，如果我们把被试的口语报告记录下来，我们会发现，在一段短暂的时间里，问题解决过程的结构却是合理的。假定把整个解决问题的过程看成是一个很长的过程，我们用剪子把它剪成几个片断，并从中任意选取一段进行分析，那么，在这一片断内，是结构合理的问题的解决过程。

音乐家的乐曲创作问题，应该属于结构不合理的、没有明确的目标的问题。因为作曲者可以采取不同的风格来解决创作的问题。但是研究作曲者的口语记录发现，他解决问题的整个过程中，每 2 至 3 分钟便是一个片断，在每一片断内，他所解决的问题的结构却是合理的，即他在 2 分钟之内作出的曲子一般是和谐的。由此可见，结构不合理的问题是由一系列结构合理的小问题组成的。正因为如此，结构不合理的问题才能够被解决。在解决小问题的每一个阶段里，也提出了下一个待解决的新问题，同时对整个问题的解决也提供了信息。这种一步一步地解决的过程会造成两种后果：一种是聚合过程，使问题的范围越来越小，最后达到解决；也可能在解决每一个小问题后，又想出新的问题，使问题越来越分散，达不到解决的目标。例如，图 5－17 中的三角形是不可能图形，单独看它的每一个角都是合理的结构，但连续看三个角时就会发现矛盾。由于问题的解决始终不能汇聚到一点上来，因而达不到最后的理解。

图 5－17　不可能图形

有人把人类称为局部有理性的（locally rational）动物。因为人通常对于一个小问题能够得出首尾一致的解释。但是若把局部合理的问题扩延成生活中的大问题，往往就会发现这些问题相互矛盾，前后并不一致。

用两种方法可以帮助人们解决复杂的、结构不合理的大问题，使问题统一于一个汇聚点。一种方法是做计划，把整个大问题加以抽象，把有助于解决问题的成分抽象出来。如设计师可以根据以往的经验，先把大的框架设计出来，这样，细节性的小问题就容易解决了。在解决小问题时，解决问题的次序也很重要，尤其是对那些影响较大的小问题来说，其解决的先后就显得更重要。如果设计得好，后期小问题的解决就不会与先前的小问题发生矛盾，更不至于改变整个设计方案。正因为如此，在工程设计课程里，才需要用很多的时间训练学生在设计过程中采取合理的步骤。解决结构不合理问题的第二种方法是满意法。所谓满意法，就是只要求找到一个比较满意的解决办法，而不保证这个满意的解决方案就是最好的解决方案，例如在建筑设计中，可以提出一个比较满意的方案，而这一方案并不一定是最好的设计方案。采取满意法出于两种原因，第一，人们不可能把各种各样的方案都设计出来，再对它们进行评价，从中进行优选，因为那样做代价太高。一般只能设计出 2 至 3 个方案，从中择优，而忽略其他可能的方案。第二，任何方案都有相互矛盾的要求，总要进行取舍。例如设计一栋教学楼，一方面应把使用率高的教室安排在楼下或楼上靠楼梯的地方；另一方面也应把具有笨重设备的实验室安排在低楼层。对楼下的空间还可能提出其他的要求，这些要求是互相矛盾的，因此对它们就需要进行权衡，作出决定。对于各种设计方案，并没有一种数量化的统计指标，也不可能精确地衡量哪一个最优，只能做相对满意的安排。在设计方案的过程中，应该先满足最重要的要求，否则在设计后期出现新的问题就不容易解决了。

对于同一种设计要求，不同设计师的设计结果会有很大的差别，它们各有其特色。对于这种情况，我们不能绝对地说哪一个设计方案好，只能相对地说各人有不同的艺术风格。设计师在开始设计时，并不是有意识地去采用哪一种艺术风格，风格是在自己的设计过程中自然形成的。在西方的建筑设计中，有的设计是先把平面图画出来，有的是先画出侧面图。平面设计是鸟瞰图，考虑到地面的利用或某种其他需要，其外形不一定规则，但布局要适当。有的侧面设计是对称的，18 世纪的设计一般都是这一类型，如匹兹堡的许多建筑物是对称设计的，而加利福尼亚的建筑物则大多是不对称的。设计的步骤不同，设计的风格也不同。在西方有一个时期，大家认为哥特式教堂是美的（见图 5 - 18）。当时有两种考虑，一种是楼高需要采光，因此设计了很长的窗户；另一种是内部需要大的空间，因此设计了带尖的拱形结构。在解决了这两个要求之后，其他建筑结构也就随之决定了。从这里可以看出，认知过程和情绪过程相互作用，最后会影响到人的美感。而美感又是随时代和文化条件而改变的。

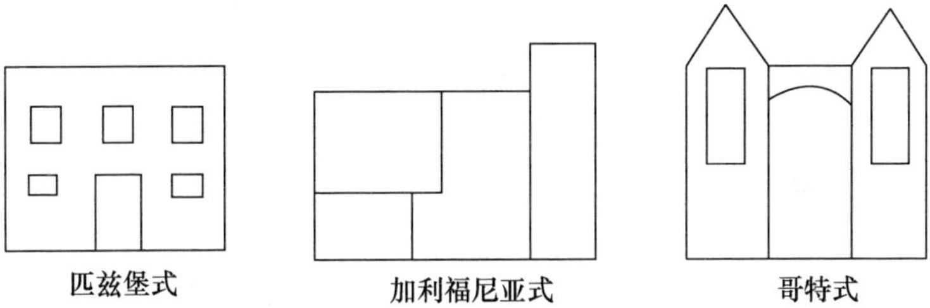

图 5-18　不同的建筑风格

第六章
学　习

学习的原理是学习者必须知道最后的结果，即其行为是否能得到改善。最好他还能得到关于在他的行为中哪些部分是满意的，哪些部分是不满意的信息。

学习的基本原理和分类

学习是一个系统中所发生的变化，它可以是系统作业的长久性的改进，又可以是有机体在行为上的持久性的变化。在一个复杂的系统中，由学习引起的变化可能是多方面的，也就是说，在同一个系统中可能包含着不同形式的学习过程，它的不同部分会有不同的改进。EPAM 程序是一个学习程序，它可以再认，也可以建立新的图式。同样，人在学习中也可以获得新的产生式、新的行为。在某种意义上说，ISAAC 程序也是一个学习系统，因为它能够学会和理解问题；UNDERSTAND 程序也是一个学习系统，因为它能获得新的问题表征，并利用内部表征去解决新问题。

学习的原理是学习者必须知道最后的结果，即其行为是否能得到改善。最好他还能得到关于在他的行为中哪些部分是满意的，哪些部分是不满意的信息。对于学习结果的肯定就是一种报酬或鼓励，它能产生或加强学习动机。关于学习结果的信息和动机的共同作用，在心理学中叫作强化，其关系如下：

强化＝结果的知识＋报酬

（信息）　（动机）

强化不一定是外在的，它也可以是内部的。人们做一件事，如果做得好，会产生一种满足感，这就是内部强化。强化可以是积极的，也可以是消极的。学习时必须有一个积极的学习动机。20 世纪三四十年代的许多研究发现，不仅人类可以由内部动机驱使学习，而且白鼠的学习活动也可以有内部动机。

强化能给学习动机以支持，在教学中应该注意学习动机的作用。例如，教师在教学中要吸引学生的注意，激励他们的学习，就要注意学习材料的选择。学习材料太简单，学生精力不容易集中，容易产生厌烦情绪；学习材料太复杂，学生不容易理解，也会产生疲劳。可见，在学习中影响学习动机的因素是多方面的，其中包括学习材料的性质和构成等等。

任何学习都要求了解学习的结果。了解学习的结果可以促进学习，这条原理有时表现得并不明显。在对物体进行分类的学习实验中，在被试完成学习分类的任务时，不给他有关学习结果的信息，要他自己去确定分类的标准。例如，一个物体有两个维度：宽度和长度。假定有许多物体，有的宽而不长，有的长而不宽，要求被试进行分类，并且不给他们关于结果的反馈信息。实验时被试总是把相似的物体放在一起，把差别较大的分成另一组。分类的意图是要把组内距离缩小，组间距离扩大。在这种情况下，主试虽然没有告诉被试每次分类的结果，而被试在完成分类过程中实际上是得到了关于结果的信息。因此，任何学习都没有例外，都会获得对结果的了解，这种信息或者是外界提供的，或者是内部提供的。

可以有许多方法对学习情景进行分类。一种分类法是看学习者在学习中做什么，看他们学习时的活跃程度如何；另一种分类法是看周围环境提供了什么信息，环境的丰富程度如何。例如，一种极端的情况是由教师随意讲，学生纯粹被动地听。当然，这只是所谓的“极端”情况。实际上没有任何一个学生完全像录音机一样地接受知识，他们学习时总会采取各种不同的策略。例如，有些学生是把教师讲的内容详细地记成笔记，以后再看笔记，重新提取应用；有的学生则只记他感兴趣的内容。课堂教学这种教学形式能够500年不衰，就在于它提供了一个场合，让教师给出信息而学生可以采取不同的策略来接收这些信息。即使一个没有经验的教师，他不敢面对学生，而经常背对着学生进行板书，他也是通过写字的方法不断地向学生发出信息。

由此可见，要了解学习过程，就必须分析教师与学生两个方面，分析教师如何发出信息和学生如何接收信息。

1. 发现法教学。

发现法教学就是教师提出一些简单的问题，这些问题中包含着某种基本原理，让学生用前面所讲的弱方法，也就是搜索的方法去解决。一旦问题解决了，他们也就学到了新的东西。

例如老师出了两道题：

$(3+2)(3-2)=?$

$(5+3)(5-3)=?$

学生在演算这些题目的过程中可以找到一些规律：

$(3+2)(3-2)=9+\dot{6}-\dot{6}-4=9-4=5$

$(5+3)(5-3)=25+1\dot{5}-1\dot{5}-9=25-9=16$

有的学生会发现中间两项可以消掉而省去一步计算；有的学生会进一步注意到数的平方关系，从解题中看出这无非是 $(a+b)(a-b)=a^2-b^2$ 的形式。这种方法是从少数具体模式中概括出一般的规律性。

2. 直接法教学。

直接教学法就是直接给出 $(a+b)(a-b)=a^2-b^2$ 的公式，让学生去套用。现在的教科书一般采取的就是这种方法。

这两种方法无论是从信息加工的观点看，还是从动机理论的观点看，似乎都很复杂，各有利弊。用发现法教学，学生可以在做中学，自己找到关键点，如 a^2-b^2，但他不可避免地也要做一系列与所要掌握的规律（公式）无关的机械活动。用直接法教学，虽然可以节约时间，但学生可能不懂公式的结构，在上例中就是不了解 a^2-b^2 中的 a、b 与原式有什么关系。这样，学生只好死记硬背，容易厌烦。

从教师如何发出信息和学生如何接收信息两方面来分析，发现法的“做中学”安排得是否恰当，要看学生用在搜索上和用在发现规律上的时间的比例。只有当用在搜索上的时间所占的比例小时才是有利的。因此，在进行发现法教学时出题不能太难，不能使学生搜索很久仍然不能发现规律，也不要让学生花了大量的时间却只得到少量的信息。当然，问题的难易与学生已有的知识有关。应该出那些只要学生认真做就能得出答案的问题。通过上述分析，我们可以得出一种很有用的教学方法：有指导的发现法，即教师经过周密的考虑，设计出一系列问题，一步一步地引导学生去发现规律的教学方法。

教师一般要通过考试和作业了解学生的理解程度，以便发现改进教学的途径，弥补学生所缺少的知识。但这样做会产生一个严重的问题，学生只能靠从教师那里得来的反馈才能了解自己的学习结果，而我们目前教师与学生的比例大约是 1∶100，即使教师的比例更大，反馈还是有很大局限性的。

学习过程

学习过程是对一系列符号的学习、存储及以后的提取和应用的过程。实现这一过程只靠记忆显然是不够的，学生还要利用所得的信息进行创造。因此，要培养学生能够自己提取信息、进行分析、得出结论的能力，并且对自己的学习情况有一个正确的判断。一般说来，学习优秀的学生都有良好的判断技能。要训练学生能够判断自己是否正确，这就要靠大量的作业。有些学生不认真做作业，只靠查书、套例题来完成作业。这实际上只是学会了怎样模仿例题，而没有真正学到原理和解题的方法。如果训练学生自己分析解题过程，使他们知道学习结果，并对信息加工知识有所了解，那么，他们就会得到更大的收获。数学教科书里有许多例题，利用产生式是可以解这些题的。例如，解 $9x+17=6x+23$，从等号两边都减去 $6x$，再减去 17，然后两边都除以 3，便可得出这个方程的解。即

$$9x+17=6x+23$$

$$3x+17=23$$

$$3x=6$$

$$x=2$$

用产生式解这道题有 4 个步骤，学生用“做中学”的方法学会解这道题，意味着掌握了一种规律，在长时记忆中形成了如下的一个产生式系统。

首先懂得当 x 解出来时，可以假设它为 $x=\mathrm{k}$。这样 4 个步骤就是：

（1）如果 x=常数 k，则解题终止。

（2）如果 ax 在右边，则两边都减去 ax。

（3）如果左边有常数 N，则两边都减去 N。

（4）如果在 ax=常数这个式子中的 a≠1，则两边同除以 a。就这道例题来说，即把方程两边先减去 6x，再减去 17，然后两边除以 3。学生学会解这道题的技能后，就在长时记忆里存入了这个产生式。我们说把这个产生式"存入"记忆，不是指记住它，而是说掌握了一条规律：只要在等号左边做什么，右边也应同样地做什么。教科书只给出一个例题，学生是通过解题摸索出这个规律，掌握这个解题步骤的。要建立产生式，学生首先必须找到每一步该怎样做的方法，如把方程两边都减掉 6x 等。其次还必须发现每做完一步与原来有什么差别，与目的还有多大的距离。再次还要把每一个动作与其所产生的新的差别联系起来，看到每一步产生式和结果之间的关系。例如上述例题解题过程中的三个动作所得到的三个结果之间有差异，要明白为什么要采取这些动作。最后还要对问题进行概括。例如，要把 6x 假定为 ax 等。总之，学生必须掌握以下几点：（1）解这个题必须要通过三个动作；（2）某个动作是由于具备了某个条件才产生出来的；（3）如果条件具备，那么一步一步做下去最后就是正确的；（4）对例题进行概括，即把 6x 概括成 ax，把 17 概括为 n，把 23 概括为 m 等。如果学生掌握了以上几点，他就能根据例题解决这类题目。如果按这个步骤编制一个计算机程序，就像人通过例题来解题一样，那么这个程序就是一个比较好的程序。不论是学生解题还是计算机解题，都要有相当多的搜索过程和发现过程。例如，一定要研究 $9x$ 变成 $3x$ 这一过程，了解这一步解决后与前面有什么不同了。找到了差别的线索，才能确定这一步骤是否正确。当然，我们在这里是把问题简单化了，实际上学生解题时，是用各种不同的方法，经过尝试，最后找到规律，从而解决了问题的。最后的概括化步骤也不是简单容易的。

人类在解决问题时，往往是先过分地概括化，发现错误后再把概括程度降低，或从其他方面找到合适的概括水平。儿童学习语言就常出现过分概括化的错误。例如，英文动词的过去时态一般是加“ed”，可是有些字并不符合这个规律。如 swim（游泳）的过去式是 swam 而不是 swimed。孩子表达游泳过去式时却常加“ed”。这就是过分概括化的错误。

分解代数式 $x^2+2x-15$ 时，若过分概括化，就得不出正确的结果。例如，按照产生式系统：

（1）如果 ax 中 a=1，则寻找常数的因子：

（−1，15）（1，−15）（3，−5）（−3，5）

（2）如果找出了各组因子，则算出总和：

$$14 \quad -14 \quad -2 \quad 2$$

（3）如果得出总和，则与 x 的系数进行匹配：

?

（4）如果匹配合适，则写出各因子：是什么呢？

? ?

这是把问题简单化了的粗略的步骤。实际上，若无负数，学生可能会分解得出来，有了负数，可能就解不出来了。从这里仍可看出，过分概括化不能解题。若告诉学生，要分解一个式子实际上等于乘法的逆运算时，学生会怎么样呢？给学生一个式子：

$$(x+5)(x-3)=x^2+5x-3x-15=x^2+2x-15$$

我们会看到，这一过程和上面讲的产生式完全不同。学生会把等号前后两个式子进行分析比较：

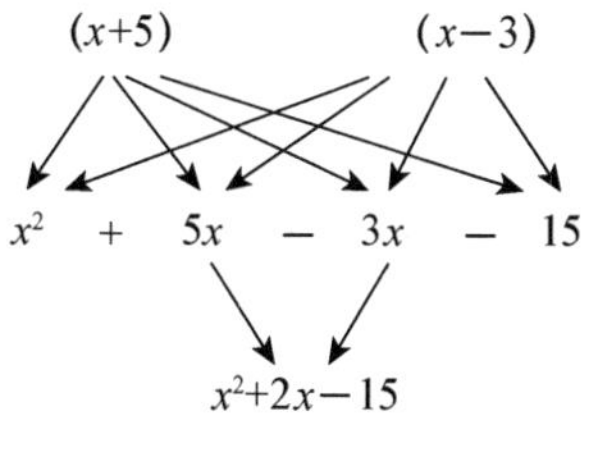

学生可能会做些尝试，把左边两个式子一步步乘出来，如上图。学生在几次尝试后就会发现捷径，如他可能概括出“先看积比先看和容易”，负号应放在哪边才合适等等。

根据解数学题的研究发现，告诉学生“除法是乘法的逆运算”这样一个规则，结果有20％的学生会做除法题。如果让学生通过例题学习，就会有90％的学生会解除法算式。原因是，如果不告诉学生如何运算，只是简单地告诉他“除法是乘法的逆运算”，问题就显得困难得多，超出了许多学生的理解水平，因而就学不会。如果我们给学生许多例题，这些例题提供了许多信息，就可以帮助学生学会如何进行除法运算。

在学习的研究中，“迁移”是一个很重要的问题。迁移就是能够使用学会的东西去解决新的任务。概括在迁移中起着重要的作用，学生在学习中总要进行概括，但要概括到合适的程度，正如前面讲过的，如果概括得过分，也会导致错误。对于学生来说，问题就在于如何进行适当的概括。用学过的东西去解决新问题，往往会受到一些限制。学生有时必须把所学的东西做某些改变才能用于解决新的问题。如果出现的是新的情况，学生就得学会新的技能才能解决问题。20世纪20年代桑代克（Thorndike）就已经发现这个问题。环境不断改变会使学生的学习发生困难。不过，如果学生掌握了解题的基本原理，他的迁移就会容易些，否则就困难些。

原来学到的技能怎样才能变为解决新问题的能力？也就是说原来学会的技能与解决新问题所要求的技能要相似到什么程度才容易迁移？这里所产生的问题是如何把新情景下的各种特

征与已有的产生式相匹配。由于这种匹配是用部分匹配的方式进行的，所以有时尽管不能完全吻合，原有的技能还是可以用来解决新问题的。这就是说，如果两个情景相似而不完全相同，我们就往往用通常称为“类比”的方法来解决问题。所谓类比就是比较两个相似的情景。美国斯坦福大学已在研究人和电子计算机系统的类比模型。我们当前对类比的了解还极其有限。比数学类比更难理解的是我们通常所说的“隐喻”的类比。我们有时发现有些事情尽管基础相同，但表现很不相同，就像作诗时的隐喻和比喻一样。如果我们能对部分匹配有更多的研究，就可以了解一个系统是如何发现事物的相似性的，也可以进一步了解语言上使用隐喻的心理过程了。

第七章

概念的形成

“样例学习”（learning by example）和“干中学习”（learning by doing）的差别是，前一种学习只给了正确途径，而在后一种学习中被试不仅知道正确的，也知道错误的通路。这样，他以后解题时就会知道怎样作出正确的选择。

概念的归纳

在心理学中，“概念形成”、“概念掌握”或“概念归纳”都是“学习”的同义语。概念形成就是把一个名称和一类事物联系起来。从这个意义上讲，EPAM 系统就是形成概念的系统。当 EPAM 系统发现两个事物相同时，就给以同一名称，这样 EPAM 就形成了一个概念。

例如，ABCDE 这五个字母，EPAM 系统把“AE”归为一类，而把“BCD”归为另一类。这是因为“AE”这两个字母都由直线构成，其中没有弧线成分；而“BCD”这三个字母则都有弧线，所以这五个字母就被分成了不同的两组。因此，所谓“概念形成”就是把有共同特征的东西归在一组，而把不同特征的东西放在不同的组中。EPAM 系统就可以完成这个任务，但这个系统并没有告诉我们为什么要这样或那样进行分类，它只告诉了我们分类的结果。

有许多关于人类概念形成的研究，这些研究的目的是要弄清人是根据哪些特征对事物进行分类的。人类概念形成的实验有一个共同的模型，但有不同的变式。设计概念形成实验，第一要定出刺激的维度和值，即刺激有几个方面的特征，而每个方面又有几个不同的值。例如“形状”就是一个维度，但形状又分为三角形、圆形等等，这就是同一维度的不同的值了。“颜色”是另外一个维度，红、蓝、黄等又是颜色这一维度的不同的值。“刺激的数量”也是一个维度，而第一个刺激、第二个刺激等则是不同的值。“大小”是一个维度，大、中、小又是不同的值了。因此，设计任何实验都可以编出不同的维度和不同的值。第二，设计概念形成实验要找出样例。所谓“样例”就是有具体形状、大小、颜色的东西，即各种维度的各个值的组合。第三，要选择样例。由被试自己选择下一个呈现的样例比由主试决定呈现样例学得要快。因为由主试提样例时，被试得到的新信息少，不一定能解决其不确定性的问题，这样总的看来学习就慢了。第四是概念的不同性质。最简单的概念只有一个维度一个值，如颜色都是“红的”；另一种概念其性质是相加的“联结性的”概念，如一个“红色方形”；第三种概念的性质是“分离”的，在逻辑上称之为“选择的”，即或这个或那个成分，如“红方的或绿圆的”；第四种概念更复杂，可以这样举例：“如果是大的就是黄的；如果是小的就是绿的”。

按照概念的性质可以从简单到复杂分为以上四种。由此可以想象，概念的空间是很大的，是各式各样的。被试若想找到一个好的方法去掌握概念，他就要有一个很复杂的搜索过程。现在的研究都是关于第一种或第二种概念，即“简单的”或

“联结性的”概念。后两种概念太复杂，研究比较困难，这方面的实验很少，这可能与 STM 记忆容量有关。下面介绍几个不同研究的结果，这些研究对上述四个方面都做了不同的处理。

(1) 1978 年威彻尔（T. Witchell）在人工智能和认知科学的研究中，把最初的概念限制到几个样例，然后逐渐加以扩大。当出现过分概括化时，则又根据实验的要求排除某些维度，缩小范围。一个好的系统是通过比较正负样例来决定增加哪种维度的。布鲁纳在《思维研究》(*A Study of Thinking*) 中最早介绍了概念形成策略的研究。

(2) 1965—1970 年克林（R. Kling）研究了定理证明中的部分匹配和类比的作用。

(3) 两种学习方法，一种是“样例学习”(learning by example)，另一种是“干中学习”(learning by doing)。前者是从学习具体事例中发现问题，从事例中找出规律。后者是给出一个问题，要求从尝试解决问题的过程中找出规律。在这种学习中，被试要不断地搜索，可能会出现错误，如果被试找到了通往目标的通路，通路本身就会起样例的作用。解决河内塔问题就是“干中学习”。“样例学习”和“干中学习”的另一个差别是，前一种学习只给了正确途径，而在后一种学习中被试不仅知道正确的，也知道错误的通路。这样，他以后解题时就会知道怎样作出正确的选择。若是“干中学习”，在给学生作业时就应告诉他们：干完了不等于学完了，只等于刚刚开始。好学生干完后会总结他是怎样解决问题的，为什么这样解决问题等等。

在“干中学习”时，被试首先必须有一个假设，再根据这个假设对具体样例进行归类；被试还要检验他的归类是否符合主试心目中的归类，如果相符，就肯定自己的假设，否则就得作出新的假设。被试可以根据很多信息提出假设，他可以根据主试提出的样例，也可以根据自己的假设选择样例，如图 7－1 所示。

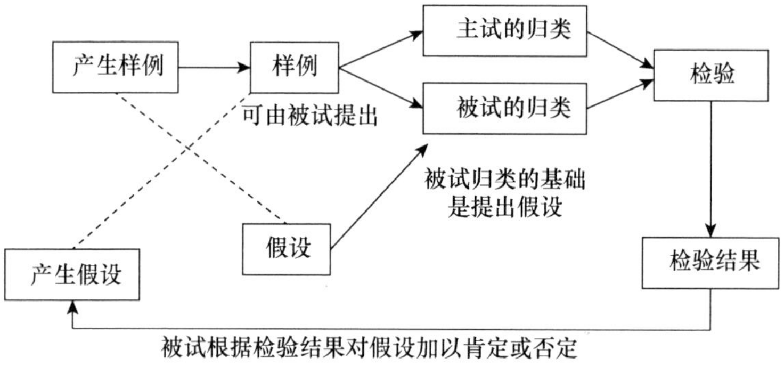

图 7－1　干中学习的假设检验过程

从图 7－1 中可以看出，在概念形成实验中有两个空间：具体样例空间和被试假设空间。概念形成实验也可以看成是问题解决的过程——从问题空间到概念空间再到最后的目标空间。如何提出假设空间呢？过去的心理学书籍，如伍德沃斯（R. S. Woodworth）的《实验心理学》中都把思维过程分为两章来处理：一章是问题解决，一章是概念形成。现在看来，可以用一个理论来概括问题解决和概念形成过程的研究。

几十年前，人们对数学心理学有很大兴趣，格雷吉（I. W. Gregy）和我合著了《数学心理学》，当时博威（G. H. Bower）和特巴索（T. Trabasso）提出概念形成的统计随机理论，或称概率理论。这个理论认为被试总是处在知道概念和不知道概念这两种状态下。如果处在知道概念的状态下，他得出正确结论的概率就是“1”，出现错误的概率就是“0”。如果被试处在不知道概念的状态下，他出现错误而重新选择假设的概率就是“π”。其次，这个理论认为，如果被试得到正确结果，他就不改变自己的假设了；如果出现错误，他就要往知道的状态改变自己的假设，使之正确，改变假设的概率为 π_c。这个模型对预测人形成概念的过程是十分正确的，但这个模型很少谈到掌握概念过程的心理学方面，也没有说明被试如何选择假设，如何接近概念。因此，我们还要建立一个掌握概念的信息加工理论。

如果给被试提供一个样例，被试就提出自己的假设，并根据这个假设去作出自己的归类。主试把自己的归类与被试的归类做比较，然后告诉被试他的归类是否正确。被试根据这次检验结果的信息、不久前假设的信息和具体样例的属性等信息，提出自己的假设。这时，他对经过检验证明是正确的信息，可能还要提取出来，但对经过检验是不正确的信息就要排除。被试利用过去信息的过程是比较复杂的，但只要他在记忆中记住被排除过的信息，以后不再提出来，而只提出那些没有试验过的新假设，他的学习就可以更快一些。由此可见：由于被试使用的策略不同，得到正确概念的速度就不一样。我们这里说的概念掌握的信息加工过程与概率理论中的“π”，是同一个东西。显然“π”是随策略不同而改变的，并不是一个常数。信息加工理论对“π”的解释比概率理论的解释更好，而且信息加工理论用数学分析方法，可以预测出 π 的值是多少。

由于被试使用策略是随机的，旧的假设也可能会重新被提出来，因此其概率就变为次数的一半，即$\frac{n}{2}$。如果一个人能够有效地利用假设，他就可以做得更快一些，达到 $\log_2^N$。显然，不管 N 值多大，$\frac{N}{2} \gg \log_2^N$。我们预测从错误到正确的概率时，这个数就与被试使用的策略有关，即它是使用策略的函数。当然，由实验结果表现出来的“π”出发，我们也可以想象被试使用的策略是否有效。实验室研究发现，被试多使用随机策略，而不是最好的策略。从信息加工理论可以看到这些被试如何提出一个个的假设，进行多种分类，而概率理论则只分成正确、错误两类，而忽略了许多细节。信息加工理论可以把排除假设的多种类型一个个地进行分析，因而比概率理论的分析更全面。信息加工理论运用口语记录的方法来记录一系列假设的变化。实验已经证明，不断地询问被试，要他说出他的假设是什么，这并不影响被试的概念形成过程。勒温（K. Lewin）不用口语记录的方法，也研究过被试改变假设的过程。他是用反馈的方法，通过观察被试的行为看他提出了什么假设。总之，信息加工理论比概率理论为我们提供了更多的心理学资料。

实验发现，人们常常并不使用最有效的策略，因为被试根本不知道什么是最有效的策略。对这种情况，可以考虑训练被试，告诉他先作出多种假设再逐步排除，看他是否可以提高速度和效率。这种做法并不会得到很好的结果，因为短时记忆的容量有限，被试无法使用最有效的策略。被试光凭短时记忆，只能记住上一个样例对不对，而以前的信息都忘了，无法利用。如果给被试一张纸，让他记下什么样例对，什么样例错，显然，这就会帮助他使用更有效的策略。

有些实验是把概念掌握与概念形成区分开的。概念形成实验更难，因为主试可以随意提出问题的不同方面。如一组盒子，可以有各种形状、大小等等。这样可能出现的概念的数目就非常大，可能包括被试想不到的概念，也就是空间的值太大了。这种实验可能做许多小时也没有结果。心理学实验往往只能做一两个小时，所以只能采用概念掌握这种较容易的实验。这种实验的问题搜索空间是有限的。

顺序模式

下面谈谈人是怎样认识模式的。模式是指任何有规律排列的东西。在“顺序模式”（sequential pattern）的情形下，如果给出一个简单的数字顺序 1、3、5、7……人们一定可以很快地发现这个顺序中各个数之间的关系：“后一个比前一个大 2，都是奇数”，因而能够很容易地把这个顺序延续下去。

过去旧的日历记法是“日月火水……”，如果你不知道这个记法，就不能把“日月火水木金土”继续下去，因为你不知道“木、金、土”意味着什么。天文上的顺序“水、金、地、火、木、天王、海王”是根据行星距太阳的远近排列的。学过天文学的人能够很容易地发现这些行星之间的关系。此外。还有英文字母的排列顺序、星期的顺序、乐音的顺序（1234567$\dot{1}$）等。认识这些顺序主要靠认识各单元之间的关系。

所以说，人们对模式的认识主要是对关系的认识，而认识关系主要通过两种途径：一是确认两个东西相同，即确认它们的每一个成分是相同的，例如在乐曲中 1、3、5 都是音符。二是确认跟在一个成分后面的下一个成分是什么，如乐曲中各音符间的关系，这依赖于平时的熟悉程度。任何一首乐曲中都有这种关系，它表现在乐曲的各个成分即音符之间，或者说各个组块（可以由多个音符组成）之间。智力测验中也有顺序模式的测验。这种测验所测的能力范围是很宽的，包括人们日常积累的一般的概括能力。这种能力又是人认识周围事物规律的重要能力，发展这种能力，有利于人更好地适应环境。

当然，日常生活中也有无规律性、无固定模式的现象，如空气中气体分子的运动，还没有发现其规律性。虽然如此，人们却总在致力于发现周围世界的规律性。在实验中，我们明白地告诉被试刺激是随机的、无规律性的，但是他还是想找出某种规律性。给学生提供近三个月的经济情报，要他预测第四个月的经济是上升还是下降。有的学生根据近三个月的经济上升，预测第四个月还是上升；有的学生根据前三个月的增长，预测第四个月该下降了。若问他们为什么作出这样的判断，他们总认为自己的判断有一定的道理。尽管已经告诉被试前三个月的增长或下降是随便给的，他们仍然按照自己想象的规律去进行判断。增长判断是因为认为前三个月都是增长的，所以第四个月也应该是增长的；相反，下降判断是因为认为前三个月的增长已经是相当长的序列，后面应该有所改变了。

在 20 世纪 50 至 60 年代，心理学家做了许多人和动物的强化实验。在人的实验中，要求被试对 A、B 两个反应进行选择。

被试选择A时，受强化的概率是70%；选择B时，受强化的概率是30%。实验进行20次以后，被试就知道回答A得到的强化机会多于B。统计学家根据概率计算，认为被试可能总是选择A，因为选A有加倍强化的机会，即有70%的强化机会。但是实验结果表明，人只是在多数情况下（72%～75%）选择A，少数情况下（25%～28%）选择B。我们把这种行为叫作事件匹配，即行为和事件出现的概率是匹配的。但是我们知道，这种事件匹配正确的概率不比选A的概率大。70%选择A中只有70%是正确的；30%选择B中只有30%是正确的。实际上事件匹配的正确率只是70%×70%=49%与30%×30%=9%的和，即58%。这就是说人的行为只有58%是正确的。

在解释这种似乎很不精确的行为时，问被试是怎样想的，他们报告说，他们根据刚刚出现过的情况，按顺序模式预估下一步：如果前面三个是A，下一个还应该是A；如果前五个是A，那么下面就应该是B了；若前三个是ABA，下面就应该是B了，因为他们认为刺激是按ABAB的顺序出现的。虽然刺激的出现是随机的，但被试并不按随机情况考虑问题，而是按顺序模式进行反应。在现实世界里，真正随机的现象是很少的，一般都有一定的规律。因此，人们按事件匹配的方式进行反应是有一定道理的。很多实验都证明，尽管有时事件的出现并没有规律，但人们总还是要去觉察顺序模式，搜寻规律。

在动物进化过程中，寻找模式对维持生存是非常必要的。人类至今已存储了各种各样的模式，有些是有限的模式，如日、月、火、水、木、金、土；有些是无限的模式，如字母顺序和数字顺序。人们还能把一些简单的顺序构成组块，然后把这些组块联系起来再形成较复杂的顺序。解决河内塔问题所使用的策略就是形成组块顺序，其操作的顺序是121312141213121……在这个顺序中，把1看成是一个元素，两个1中间夹上2形成121组块，两个121之间夹上3，又是一个稍微复杂的组块。如果我们把这个顺序理解成一个多层次的排列模式，那么，按上述方法类推，就可以知道各层次的排列。模式策略在人的生活中是很普遍的。

几何模式的对称性是非常重要的。对称性理论对纯数学并不太重要，但对应用物理学则是相当重要的理论。对称性原理的基础是两部分相等，例如，一个长方形纵轴的左、右侧是相等的；横轴的上下也是相等的；两条对角线的两边也是对称的（见图7-2）。只要把长方形的一侧绕纵轴或横轴转过去，就能和其另一侧完全重合（映射），这就是一个转换。我们可以用信息加工的理论来解释对于几何学上模式辨认的转换问题，人是如何解决的。

对于cdcdcd……这样一种模式，人们在短时记忆里，只要记住cdcd……是一组cd重复的顺序，就能知道出现d后下一个

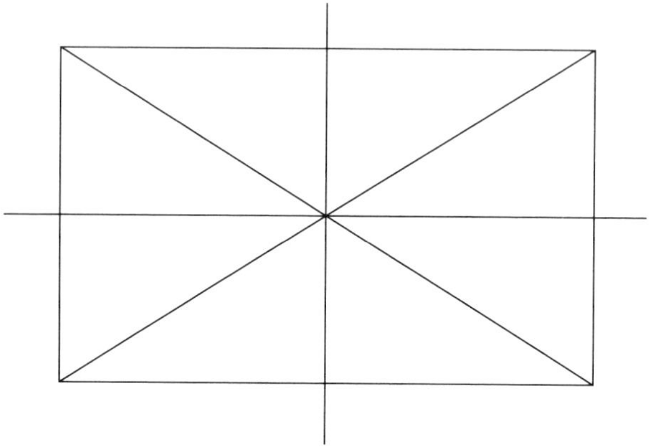

图 7-2　长方形的对称性

是 c，出现 c 后，下一个就是 d。对于更复杂的模式，如 ABM-CDM ，记住这个顺序中第一个字母 A 和另一个字母 M，根据它们的排列规律，就可以预测下一组字母。字母顺序模式 AB-MCDM……是一种很基本的模式。

顺序模式行为具有很大的概括性，人的许多模式活动都可以归纳为顺序模式行为，它可以解释人的大量的模式觉察活动。顺序模式适合于解释人的各种归纳活动，包括概念形成、解数学题及其他任务领域。在进行模式归纳的过程中，第一要产生一个规则，提出模式的假设；第二，应用这个规则把具体的实例加以归类；第三，根据对实例进行归类的结果所得的反馈信息，提出规律，知道最初提出的假设是否正确。在这种实验中，被试有两个问题空间需要解决，一个是规律模式的问题空间，另一个是具体实例的问题空间，这与前面谈到的人工概念形成实验是一致的。人工概念形成的过程也是先提出一个概念或假设，并将这个假设运用于具体实例，将实例加以归类，根据归类的结果所得到的反馈，看是否符合规律，然后再返回去循环，最后得到一个概念。这样的一个图式既适合于概念形成的过程，也适合于顺序模式的辨认。辨认顺序模式的活动与概念形成过程的基本图式是一致的，当然这二者也有不同之处。在辨认顺序模式时要注意两个关系，一个是相等性，另一个是连续性。我们可以根据这两个关系去发现规律，发现一般过程应用到具体问题上所具有的具体限制。总之，这种一般的顺序模式也适用于人的其他活动，如解密码算术题等。尽管各种问题的任务不同，但都有一个基本模式，它们的基本控制程序是一致的。

我们根据被试在解决这类问题时的口语记录发现，被试使用的方法与我们在解决这类问题时编制的计算机程序非常相似。被试首先把顺序分成一个个小的单元，接着找出单元之间的关系，摸索出规律，编出模式，然后再按模式程序进行预测。可见，学习过程就是找出规律，编出模式，检查编出的模式是否符合已出现的数列，然后依据模式去预测。

为了检查用这种理论来解释顺序模式的学习是否正确，必须用更为复杂、更为困难的问题。有一种困难模式，如 DEF、

GEF、GHI……其中既有许多连续关系，又有许多相同关系。被试遇到这类复杂的问题时，很难确定应该用哪一种关系去进行预测。其实这是为了迷惑被试故意写成这样的，如果把上述的四段分成三段，即 DEFG、EFGH、FGHI 就能够看出系列中字母的关系了，这样也就很容易确定下一个应该是 GHIJ 了。这个问题说明，不能看出规律性就很难得出有关的模式；越难看出规律性的问题，其难度越大。

模式程序是各种各样的，其复杂程度不一。怎样预测它们的难度呢？一个最简单的方法是用程序中因素（字母）的多少或程序的长度来形容模式的复杂性，例如 ABMCDM……的程序就比 cdcd……的程序长得多。人的行为的难易程度是与程序的复杂性相联系的，程序越复杂，行为的难度就越大。我们编制计算机程序来解答这类问题时也具有同样的情况。一个问题如果能被很多的程序解决，那么这个问题就是比较容易的，反之则较难。

问题的难度也依赖于在记忆中需要记住的项目的数量。复杂问题的程序里有许多项目，不能同时存储在短时记忆中，所以得不到解决。应该看到，短时记忆的容量对人的行为是最基本的限制。但是在各种问题中，有许多东西是共同的，我们仍可以用一个共同的规律解释很多问题。

顺序模式的掌握也适用于语言的学习。儿童学习母语的语法，并不是靠背诵，而是靠应用。他们能认出哪些句子是正确的，哪些句子是错误的，并能根据语法说话。儿童掌握语言就是形成规则，把这些规则应用到具体实践，再通过反馈检验这些规则是否正确，从而逐渐学会了语法。

西科罗斯（Siklossy）和安德森用计算机模拟学习语言的过程。这个程序是一个学习程序，它能逐渐把词组合成符合语法的句子。这种学习是从样例中学习。西科罗斯的程序是给机器看一张一个坐在椅子上的人的图画。在图画的下面写一句话："A man sits on the chair"。学习者看到图画信息和下面的句子，掌握了二者的关系，形成规则，说出一个句子。然后给机器一个反馈信息，告诉它句子对不对。机器已经学习过比较简单的语法，如英文、德文、法文、俄文。机器可以按样例学习语言和语法。这些研究也证明，学习语言和掌握语法规则与形成概念过程相类似，都属于同一种程序，符合一般的共同图式。

我们说在人的脑子里存在着顺序模式，这并不是说人能够清楚地意识到它的存在。人脑在对信息加工时，并不是清楚地意识到了这种加工过程。人在解决问题时，只不过是在头脑中有一个关于问题的表征，这个表征和外界的模式是一致的。正由于 EPAM 系统的信息加工活动不能被清楚地意识到，所以人们时常能够再认某一个东西而却说不出自己是以什么线索辨认的，也说不出是如何掌握规律或学会语言的。

归纳推理和演绎推理

逻辑学家把推理分成归纳推理和演绎推理。归纳推理是从具体的事实上升到一般的规则。但是我们只是从有限的具体事例中得出一般的规则。如果具体事例再增加时，我们就不能肯定这些事例是否仍然符合原来提出的一般规则了。例如，所有的人都会用归纳推理从 ABM、CDM 顺序模式中得出一个规律，并进而写出 EFM、GHM……如果这个顺序是 ABM、CDM、ABM、CDM……我们就会感到很惊奇。事实上，从 ABM、CDM 的具体样例中可以得出的规则是各种各样的，可以是 EFM、GHM……也可以是重复出现的 ABM、CDM、ABM、CDM……由此可见，归纳推理是具有不确定性的。演绎推理的结论是从前提推出来的，即从一般的规则推导出来的，其具体结论是确定性的。

因为过去在对问题解决的研究中出现过一些混乱，同时在计算机模拟中也出现了一些不太清楚的问题，所以把归纳法和演绎法区分开来是必要的。要证明几何学的一个定理，需给出作为前提的公理，再按一定的逻辑步骤来求证，最后得出一个结论。如果数学家或逻辑学家认为结论是正确的，就一定能按演绎的逻辑程序把每步推证出来。例如在证△ABC 和△DEF 是不是全等三角形时，如能分别证明 AB＝DE，BC＝EF，∠ABC＝∠DEF，即可得出△ABC≌△DEF 了。这是因为几何学中有下面这样一个现成的定理或公理可作前提：如果两个三角形中有两条边对应相等，同时这两条边的夹角也相等，那么这两个三角形就全等。在这里，每一步都是根据前一步按照演绎逻辑进行的正确的推理。

但是，我们还不能肯定上述求证几何图形的过程就是演绎的过程。因为学生的卷面上并没有表明他头脑里所进行的整个搜索过程，而在证明过程中可以通过很多路子，经过很多尝试错误，最后才给出正确的结论。在证明两个三角形全等的问题时，实际的心理过程是采用了归纳的方法，他每走一步都是一次尝试，都不知道它是否正确。因此，在求证一个问题时，得到正确结论的过程是演绎推理的过程，而实际的心理过程却是归纳的搜索过程。

在朱新明的一项研究中，让学生证一道几何题。已知△AEC，分别以 AB 和 BC 为边向外作等边△ABE 和△BCF，连接 EC 和 AF（见图 7－3）。要被试证明 AF＝EC。证这道题的一个办法是△ABF 和△EBC 很相像，如果能证明这两个三角形是全等的，那么就可以证明 AF＝EC 了。我们知道，CF＝

FB＝BC，BE＝EA＝AB，因为它们分别是两个等边三角形的各个边；又因为△ABE和△BCF是等边三角形，所以∠ABE＝∠CBF，这两个角再分别加上∠ABC其值仍相等，即∠EBC＝∠FBA。这样，把已有的定理应用上去，就证明△ABF≌△EBC了。在证这个题的过程中，每一步都是从上一步得出来的，符合演绎逻辑的求证过程。为了达到最后的结论，我们发现了多种可资利用的关系，例如看哪两个三角形相像就是一个搜索的发现过程。在早期用计算机模拟人的心理活动的研究中，认为计算机的程序应该是演绎的过程。现在这些实验证明，人和计算机对定理的证明实际上都是一个归纳的过程。心理学对人的推理能力的测验也证明了这一点。

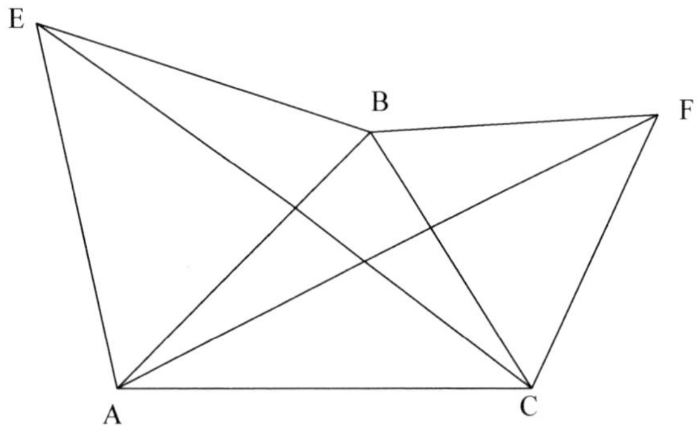

图7－3　几何题的求证

人可以用各种方法最后解决三段论法的任务，这也是一个搜索的发现过程。通常用两种方法研究推理过程。

命题验标（propositional calculus）

这就是逻辑学中提到的 A⊃B：如果是 A，那么结论就是 B。对于 A⊃B，如果用另一种方式来表示：如果非 A，那么结论就是非 B，根据形式逻辑的规律，这就是不正确的三段论法。实验时可以给被试一系列的三段论法，让他判断哪些是正确的，哪些是错误的，最后看他怎样反应。在解决三段论法时，被试不应该接受客观事实的影响，只应按照命题本身的逻辑来进行判断。

谓词演绎（predicate calculus）

(x)　　H(x)⊃F(x) 给出一个前提：凡是马都是白色的，a 是马，则 a 是白色的

$$\frac{H(a)}{\qquad F(a)}$$

在这里，若前提一、二均正确，则结论一定正确。这一类的研究通常是看正确结论的百分比与逻辑运算的关系。结果发现，若三段论法的前提是肯定的，结论的正确率就高于具有否定前提的三段论法。这类研究的第二个发现是，被试得出的结论与日常生活常识有关，凡符合常识的结论，其正确率要高于不符合常识的结论。由此可见，逻辑推理虽然不应受真实世界中各

种日常现象的影响，但是实际上人们作判断时，往往不能摆脱知识经验的影响。例如，三段论法：任何一个东西如果是马，那么它就是肥胖的，A 不是一个肥胖的东西，所以 A 不是马。由于人们在日常生活中所看到的马通常都是瘦的，大前提与日常经验不相符合，因此，人们一般不愿意接受这个正确结论。

再举一个关于推理的实验研究。实验方法是将一些卡片放在桌子上，告诉被试每张卡片都是一面有字母，另一面有数字。假定用 4 张卡片，两张显示字母，两张显示数字（见图 7－4），

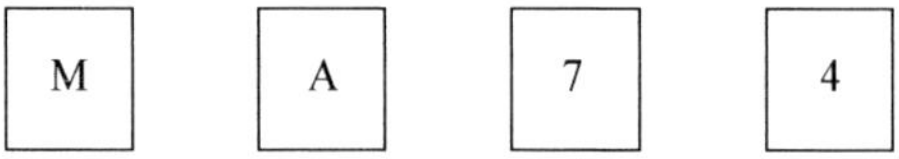

图 7－4　推理实验卡片

同时提出一个命题："所有一面是字母 A 的卡片，它的背面就有数字 7。"让被试找出检验这个命题正确性的证据来，被试可以翻看一些卡片。问题在于应该翻哪些张？有人首先翻第一张"M"，其实这一张卡片与命题无关，无论它的背面是什么数字，都不能验证"写 A 字母的卡片背面是数字 7"的结论。应该翻第二张带"A"的卡片，如果它的背面不是"7"，就证明上述命题是错误的。第三张带"7"的卡片也是不需要翻看的，因为它的背面如果是"A"，固然可以肯定结论，如果是"C"或"M"却不能证明命题是错误的。原命题只说"A"的背面是"7"，并没有说"非 A"的背面不是"7"。最后一张写"4"的

卡片倒是应该翻看的，因为假若它背面的字母是“A”，也可以证明原命题是错误的。总之，这些卡片中有些与命题有关，有些与命题无关。怎样才能只翻看那些与检验命题有关的卡片，这是一个很困难的问题。为什么很多人在这个问题上会出现错误呢？因为，在这个问题里，精确的逻辑规则是：如果是A——就是7（$A \rightarrow 7$）；反过来可以说：如果是非7就是非A（$\bar{7} \rightarrow \bar{A}$），因此我们应该翻A，看它的背面是否是7；也应该翻非7（本例中是4），看它的背面是否非A。如果对这个命题的解释不严谨，从命题中看到A与7总是联系在一起的（$A \longleftrightarrow 7$），因而就认为7与A也总是联系在一起的（$7 \longleftrightarrow A$），进一步还认为非A与非7也总是联系在一起的（$\bar{7} \longleftrightarrow \bar{A}$），这样就去翻看“7”与“M”这两张卡片了。从这个研究可以看出，如果运算方法完全按照逻辑学家的方法进行，必然会得出正确的结论。但在日常生活中，人们对于这类命题的理解却往往是很不严谨的，因而就会出现错误的结论。

第八章

发现过程

一般而言，科学家对“理论驱动归纳”比较感兴趣，但在科学史上，绝大多数的科学发现，都是“材料驱动归纳”的过程。

人类科学发现的过程是复杂的，它属于对不合理问题的解决过程。信息加工理论可以解释人类认识活动的各个方面，也能解释科学发现的过程。我们曾认为人的思维过程与计算机的信息加工过程是一样的。当然，把人的科学发现的思维活动与机器的操作进行直接比较是困难的，因为在实验室内让被试从事科学发现是不现实的。研究科学发现过程的方法是收集历史上科学发现的材料进行分析。科学史学家研究了一些科学发现过程，他们仔细地分析了一些著名科学家如门捷列夫（D. I. Mendeleyev）和法拉第（M. Faraday）等人的实验日志、实验室记录，从这些日志和记录中可以看出这些人的研究发现的进展过程。法拉第在实验前没有系统的计划，他在实验室里安排好仪器设备，然后进行细致的观察。如果出现了一些意料之外的结果，就对这些结果再进行研究。但是法拉第和门捷列夫的实验记录，只不过记载了一两个小时内发生的一两件事情，很难用它来检验心理学的理论。

科学发现的途径是多种多样的，一般来说可以归纳为两种：一种途径是科学家先有理论，然后根据理论进行预测，看事实是否符合理论。最后由同行、专家评论这种理论是否正确。爱因斯坦（A. Einstein）相对论的提出就经历了这样的过程。我们把这种过程称为“理论驱动归纳”（theory-driven induction）。另一种途径是科学家先收集大量的材料，然后分析这些材料，找出规律性的东西，再解释这个规律，这种过程称为“材料驱动归纳”（data-driven induction）。一般而言，科学家对“理论驱动归纳”比较感兴趣，但在科学史上，绝大多数的科学发现，都是“材料驱动归纳”的过程。如果我们希望发现一条重大的科学规律，首先就要有大量的材料，即使是在理论性很强的领域，如高能物理学，也需要有大量的材料，才能作出科学的发现。

材料驱动归纳

19 世纪后期，天文学家在测量太阳的光谱时发现亮线的分布与光谱上的波长有一定的关系。假定第一条亮线的波长为 1，第二条亮线的波长便是第一条亮线的$\frac{20}{27}$，第三条又是第二条的$\frac{125}{189}$，第四条又是第三条的$\frac{5}{8}$等等。这种关系就如同字母序列模式一样，有了前面几个就可预计其他亮线会在什么波长上出现。在这个发现之前，物理学界并没有任何对太阳亮线和光谱波长之间的关系作解释的理论。科学家的工作就是要寻找一个有规律的模式，用数学的方式把它简单地表示出来。太阳光谱亮线的波长关系可以用素数积表示。由于我们对第一条亮线以 1 为基数，因而可以做如下处理：

$$\begin{array}{llll} 1, & \frac{5\times 2^2}{3^3}, & \frac{5^3}{7\times 3^3}, & \frac{5}{2^3} \\ \frac{1}{5}, & \frac{2^2}{3^3}, & \frac{5^2}{7\times 3^3}, & \frac{1}{2^3} \\ \frac{3^2}{5}, & \frac{2^2}{3}, & \frac{5^2}{7\times 3}, & \frac{3^2}{2^3} \end{array}$$

这一步是通过大量搜索找出来的。把末行各数乘出来得：

$$\frac{9}{5}, \frac{4}{3}, \frac{25}{21}, \frac{9}{8}$$

从这里可以看出所有这些式子的分子都大于分母，所有的分子都是一个数的平方。再做进一步的转化，使分母由小于 7 的各数的平方来表示，则出现如下关系：

$$\begin{array}{llll} \frac{9}{5}, & \frac{4}{3}, & \frac{25}{21}, & \frac{9}{8} \\ \frac{3^2}{5}, & \frac{4^2}{3\times 2^2}, & \frac{5^2}{7\times 3}, & \frac{6^2}{2^5} \\ \frac{3^2}{3^2-2^2}, & \frac{4^2}{4^2-2^2}, & \frac{5^2}{5^2-2^2}, & \frac{6^2}{6^2-2^2} \end{array}$$

由此可猜想后边接下去的数将是：

$$\frac{49}{45}, \frac{64}{60}, \frac{81}{77}$$

人类的本能之一是寻找规律模式，上面的关系可以表示为：

$$\frac{N^2}{N^2-4}, \frac{N^2}{N^2-M^2}, M=2$$

这是物理学中著名的巴耳末系（Balmer series）公式。这个公式的发现就是“材料驱动归纳”的最好的例证。在发现这个公式30年以后，才有人对它作出理论的解释。总之，材料驱动归纳就是对一堆数据进行分析，找出它们之间的相互关系，从中发现一个模式。这种模式表示了一系列数据的规律。

量子论的先导——丹麦物理学家玻尔（N. Bohr）后来根据上述公式提出了原子结构理论。这样一个发现过程是单纯的数学聚众现象。玻尔本来并不是物理学家，而是一个数学和几何学教师。有一次他听一个物理学家朋友说，太阳能物理学发现了亮线的规律，后来他就摆弄这些数字，经过一段时间，便找到了这个关系。当时他这种做法是很自然的，而现在看来是费解的。这个例子可以给我们两点启发：第一，当我们听课时，即使听不懂也要做笔记，因为通过笔记以后还可能理解其意义或发现内容间的关系作出重大发现；第二，我们可以利用计算机对数据进行分析，找出模式，达到科学的发现。BACON系统就是采取归纳的方法，从数据中找出规律性的一个模式。

开普勒（J. Kepler）第三定律的发现，是由于他搜集了大量关于行星绕太阳运行的周期时间和行星距太阳距离的数据。如果以 T 代表运行一周期的时间，D 代表距离，他所搜集的数据之间的关系如下：

T	D	$\frac{T}{D}$	$\frac{T}{D^2}$	$\frac{T^2}{D^3}$
3	2	1.5	0.7	1
5	3	1.7	0.6	1
11	5	2.5	0.5	1

在他寻找数据之间的恒定关系时，发现 T 是周期性递增的，D 也是递增的，考虑二者之比能否得到一个常数，因而从中得出如下关系式：$T^2=D^3\times C$（常数）。这就是开普勒第三定律。这一定律的发现并没有任何理论基础，只是根据两组简单数据之间关系的规律性，即两个变量递增和两个变量向相反的方向变化。

如果两个变量都是递增的，可以把两者相除得一个新的变量，用这一个新的变量回归到原来的运算过程。许多重要的发现都经过了这个简单的历程。

例如欧姆定律：

$$\text{电流}(I)=\frac{\text{电压}(V)}{\text{电阻}(R)}$$

欧姆在发现此定律前，除具有三者关系（见图 8－1）的想法外，还必须有测量电流的工具和一个能够提供稳定电流的电源。

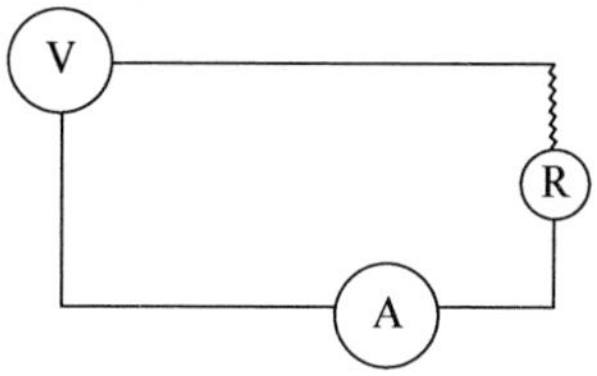

图 8－1

因此欧姆是在电池和电流发现后五年，当条件具备时，才通过给导线通以电流，同时不断改变导线长度（用以表现电阻的大小），并观察和记录电流变化的方法，在整理数据后，作出了 $V=IR$ 这一重大发现的。

另一个例子是弹簧受力定律的发现。两个物体用一弹簧相连接（如图 8－2 所示），不断地变换这两个物体，BACON 程序会发现两个物体的重量递增，从而得到一个常数，即：$\frac{a_1}{a_2}=k_{1,2}$，$\frac{a_1}{a_3}=k_{1,3}$。这时 BACON 必须寻找两个物体的关系，即：$\frac{a_1}{a_2}=k_{1,2}=\frac{m_2}{m_1}$或$\frac{a_1}{a_3}=k_{1,3}=\frac{m_3}{m_1}$，然后作出预测$\frac{a_2}{a_3}=\frac{m_3}{m_2}=k_{2,3}$。最后证明预测的结果是正确的。在这里，BACON 系统观察了两个物体间 a 的关系，最后引入了两物体间质量和 a 的关系，作出

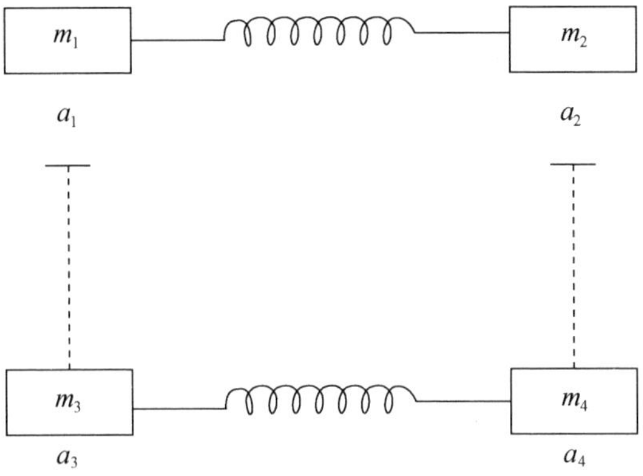

图 8－2

了科学的发现。

科学发现与问题解决、概念形成等都有一个最一般的图式。这个最一般的图式是根据下述基本原理得出的：一是共变规律，一是递归规律。例如 BACON 程序解决了常数 $k_{1,2}=\frac{a_1}{a_2}$，$k_{2,3}=\frac{a_2}{a_3}$，$k_{3,4}=\frac{a_3}{a_4}$。k 可能来自两个物体质量之比，即：$\frac{a_1}{a_2}=\frac{m_2}{m_1}$，$\frac{a_2}{a_3}=\frac{m_3}{m_2}$……还有一条基本原理是内在特性规律。当 BACON 程序发现弹簧两端的物体之间有某种关系时，不是把两个物体联系起来看成一个整体，而是把它们的两个部分分别加以考虑，视为不同的特性，并从中取一个物体放在另一种情景里，然后再看在新情景里这两物体的关系，通过这样的分析推出其他的关系。

理论驱动归纳

用一定的理论作为指导进行科学研究、发现科学规律属于理论驱动归纳过程。如果 BACON 程序具备一种理论，这种理论能使科学研究的范围受到限制，使搜索的空间减小，那么，它也可以用来指导发现规律，而且会更有效。

对称性

化学中的布莱克（Black）定律，即不等温定律就是在一定的理论指导下发现的。如果把两杯温度不同的水倒在一起，温度就一样了。我们会认为混合后的温度是第一杯水和第二杯水温度的平均值，即 $T=\frac{T_1+T_2}{2}$，可能有的人也会认为 $T=\frac{T_1\times T_2}{2}$。究竟哪个看法对，只有用温度计来测量，才能得出正确的判断。但是谁也不会认为混合后的温度是$\frac{10T_1+T_2}{11}$，因为两个杯子的容量差不多，要求其平均温度，所用的公式里对这两个杯子的温度就应同等对待，这就是对称性。在物理学上，对称性原理并不太适用，但是在大多数场合下，它却是一个基本的原理。这个理论可以指导我们在求混合后的温度时用$\frac{T_1+T_2}{2}$来求平均值。如果我们把第一杯的水量加倍，再求混合温度，那么就应该用$\frac{2T_1+T_2}{3}$了，这时的分母就不再是 2 了。如果第一杯的量是 a，第二杯的量是 b，那么公式就是$\frac{aT_1+bT_2}{a+b}$。从这个公式可以看出，两个量的关系比较复杂，这就给问题带来了麻烦，BACON 程序就解决不了了。

守恒性

用守恒性来解决问题，比较容易。就拿上述规律来说，不管杯子容量的大小，也不问温度的高低，从每一杯水中都可以概括出一个热量 Q，混合后的总热量就等于两杯水的热量之和，即 Q_1+Q_2。同样，水量也是一种守恒，即 $m=m_1+m_2$，每一个杯子的热量就是 mT，这是热力学的一个基本理论。这样，根据守恒性我们就可得出 $mT=m_1T_1+m_2T_2$ 和 $m=m_1+m_2$，由此我们也可以得出布莱克定律，两杯水混合后的温度 $T=\dfrac{m_1T_1+m_2T_2}{m_1+m_2}$。

由上述可见，当 BACON 程序不能从数据驱动中得到解决时，可以从理论指导上得到解决，也就是用理论驱动去发现新的规律。即使这些理论是一般的，不是强有力的，如对称性和守恒性，也可以借助它们去有效地发现规律。

在这里，还要指出一点，那就是布莱克定律远比上述的情况复杂，布莱克提出该定律时还考虑了液体的性质。他把 W 分解成 m（量）和 s（质）。这里 m 和 s 都是物质的内在特性 $W_i=m_is_i$。有了这些原则和假设，BACON 程序也就能发现完整的布莱克定律：

$$T_f=\frac{m_1s_1T_1+m_2s_2T_2}{m_1s_1+m_2s_2}$$

由此可见，BACON 程序能够从物体的内部性质发现和解决复杂的问题。

整数比率

在化学上，元素的原子量都是氢原子量的整数倍。例如，氧原子量为氢原子量的 16 倍。氮原子量为氢的 14 倍。这种简单的整数比在化学实验中是常见的。例如，两个单位体积的氢与一个单位体积的氧发生反应就生成两个单位体积的水蒸气。这个反应的体积的整数比就是 2∶1∶2。其他气体的化合实验也常有类似的整数比。BACON 程序就能寻找这种简单的整数比，作出许多化学上重要的发现和再发现。在发现的过程中可以根据多方面的信息，例如根据体积可以得到一个整数比。像 $N_2+3H_2=2NH_3$ 反应，其体积比就是 1∶3∶2。

原子理论

由化学常识可知，化学反应不但要考虑原子水平的问题，而且我们要解决怎样把原子结合在一起的问题。这就需要有科学理论的指导。对上述问题我们也可以根据原子理论由表及里地去寻找反应的内在关系和真正的反应原理。例如我们可以不管其量的大小，而把合成前和合成后的东西都变成“小包”输入到 BACON 程序里，让它来表征或想象出两个小包和另一个小包相互作用的过程。19 世纪有个化学家曾提出一个问题，即：如果真是两体积的氢和一体积的氧生成两体积的水蒸气，那么一体积的氧怎样分到两体积的水蒸气中呢？即ⒽⒽ＋ⓞ＝(?)(?)，过了 35 年，这个问题才得到很好的解答，那就是：

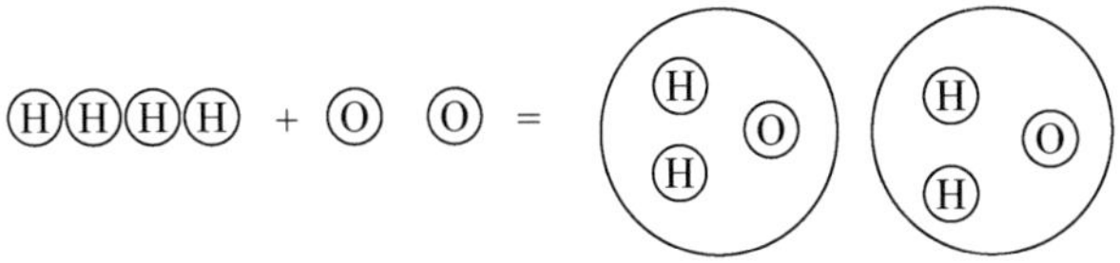

这两个反应式不同，其关键就在于分子和原子的关系问题。要理解它就必须知道原子的“包”和分子的“包”是不同的。如果我们把原子的基本理论输入 BACON 程序，那么就可以得出一系列类似的化学反应式。同理，用这种小包分析法，BACON 程序也能得出孟德尔的遗传规律。这些都说明，只要我们给 BACON 程序一些信息，它能像科学家一样，利用有关的信息作出科学的发现或再发现。

BACON 程序是数据驱动型的，它知道的规则越多，解题的效率就越高。除了这种数据驱动外，莱纳特（Lenat）又编制了一套理论驱动的程序——AM 程序（自动数学家），这种程序的解题是从理论指导开始的。要让 AM 程序发现一些新的概念，就得先给它一些材料：（1）概念：如数学上有关集合的概念；（2）启发式：如让 AM 程序一见数字就进行一系列加减乘除的四则运算；（3）评价规则：用以评价所发现的概念是否有用。

AM 程序的目标是结构不良的目标。它的目标是发现新的有用的概念，然后把这些概念联系起来形成定律。但是，它不能证明这些定律是否正确。我们给它的启发式一般是：一遇到概念就提出一些具体的例子；遇到一些具体的概念就加以概括；若是遇到概括了的概念就加以分解。有了这些功能，AM 系统就可以得出许多新的概念。至于对这些概念的评价，即判断什么样的概念才是有用的，AM 程序有以下的标准：与有用的概念相联系的概念是有用的；能从中引出许多结果的概念是有用的；那些有具体例子，但又不易找到这些例子的概念是有用的。例如，可以给 AM 系统一些集合概念，让它运行，这样计算机就会先从集合的概念中得出自然数的概念，把这些数和集合概念相结合就可用加减乘除来进行运算，最后计算机就会发现除法是有用的概念。它对什么数都先除一除，把它分解成因子。这样 AM 系统就会发现除去 1 以外的每一个数至少都有两个因子；还发现有许多数仅只有两个因子，这些数就是质数（或素数）。AM 系统还发现每个数都可以表示为质数乘方的积，这是数学上的一条基本定理。接着 AM 系统又发现任何偶数都可以表示为两个质数之和，这就是著名的哥德巴赫猜想。

由此可见，只要输入一些简单的基本概念及一些辅助信息，计算机就能成为一个发现系统。像 AM 系统发现或再发现数学概念和定理一样，一些有关化学的分子遗传学的程序也被编制出来了。

这里所说的发现定理都是指的再发现，即计算机所发现的东西是前人已经发现了的。因此有人就会认为计算机程序只能再发现而不能发现，或者说编程序的人已经知道了该科学发现，而把结果编进去了。对于这种误解，我们可以用这样的办法来加以消除。例如可以仔细考察程序的内容，看是否把一些有待发现的概念编入了程序。可以肯定地说，程序里并没有现成的有待发现的概念或定理。我们花了几个月的时间仔细地考察了一些程序，并没有发现 AM 系统里有哥德巴赫猜想之类的东西。我们给计算机的都是些基本概念，计算机本身并不知道人已经发现了某些原理。当然最有说服力的办法就是让怀疑的人自己去研究一下，试一试程序。另外，假若是在不久的将来，计算机确实发现了人类未能发现的东西，那就更有说服力了。

结束语

在本书中，我们讨论了以下几个问题：

信息加工心理学

信息加工心理学的理论基础是物理符号系统的假设。研究表明，人脑具有思维和解决问题的能力，可以认为人脑具有物理符号系统的功能。人可以解决各种各样的认知任务。实验材料证明，信息加工理论能够解释人类完成认知任务的心理过程。人在复杂的环境中生活，他必须适应环境，否则就不能生存下去，这是进化论的基本观点。适应环境的需要使人发展了各种各样的认知技能，也使人产生了有限合理性的行为。所谓有限合理性的行为，是指人并不一定要确切地解决复杂的问题，而只希望得到满意的解决，满意的程度则取决于人脑的能力和所获得的信息。然而，对问题的满意的解决也促进了确切的解决。因为人的行为的有限合理性，所以，在一般情况下人并不进行大量的计算，以得到确切的解决，而只借助于启发，以获得满意的解决。另外，人能够把注意集中到某一活动上，这也是能使人适应复杂环境的基本机制。总之，以有限合理性满意地解决问题，运用启发式和能集中注意，这是人脑的信息加工特点。

从信息加工理论来看，人脑神经系统的组织结构包括三个部分：输入、记忆和输出装置。了解了记忆的组成（短时记忆和长时记忆）及其工作原理，我们就可以预测人在一定情景下的活动。记忆量的单位叫作组块。无论是视觉信息还是听觉信息，组块在短时记忆中保持的时间都不到 1 秒。短时记忆的输出比较快，1 秒钟约可以输出 5 个组块，其输入也比较快。然而短时记忆的容量却很有限，一般是 6 个左右的组块。所以，短时记忆的功能就是保持那些工作中需要的信息。对口语记录的分析表明，被试的短时记忆的内容是随时在更换的，它总在不断地输入和输出。计算机也有类似的情况，它的存储也有水平上的差别，有提取快而容量小的存储，也有提取慢而容量大的存储。前者用于当前的计算，后者用于以后的计算，这与人的记忆是一样的。

短时记忆是非常重要的，它直接决定了人当前的活动。顺便提一下，人即使做一件很简单的事情，如算一道乘法题，由于短时记忆容量有限，也需要一些长时记忆里的信息，或是外在记忆的信息，如用纸笔记录下来的材料。

人的长时记忆的容量是非常大的，但是，它的输入和输出很费时间。一般输入一个组块需要 8 秒，输出一个组块需要 2 秒。长时记忆有以下几种不同的信息：(1) 用于再认熟悉事物所需的信息，如 EPAM 系统进行再认时所利用的长时记忆中的信息。(2) 各种图式和知识结构。当我们再认事物时，首先出现的是事物的图式。有了这些知识图式，就能迅速地再认事物，即产生直觉。(3) 执行活动所需要的产生式。至于数据与加工过程之间的界限、两者在脑中的呈现方式，目前还是不清楚的。

上面总结了人脑神经系统的结构及其认识活动的一些基本特征。这些特征是认知心理学的基础。从这些特征出发，我们也可以分析出对一个问题进行信息加工的难度及其解决的可能性。当然，从这些简单的概念出发来建立一个完整的理论还是不够的。我们应该从研究计算机程序中得到帮助以建立理论。

认知的基本信息加工过程

一般来说，人类认知有三类基本过程。第一类是问题解决。问题解决采用了启发式方法，其中的一种是手段-目分析法，即解题者通过当前情况与目标的不断比较而找到一个更好的算子。另一种是计划过程。这是一种简约的解题过程，当然，根据具体的任务又可采取不同的策略，例如解决河内塔问题时有知觉指导和机械学习等策略。

人类的第二类基本认知过程是模式识别。人要建立事物的模式，就必须认识元素之间的关系。元素之间有各种关系，例如等同关系、连续关系等。根据元素之间的关系，就可以构成模式。解决问题和认识系列模式之间具有共同性，这在科学发现的研究中可以得到应用。

人类的第三类认知过程是学习。学习就是获取信息并把它们存储起来，便于以后使用。学习有不同的形式，一种是辨别学习，如 EPAM 就是模拟的辨别学习；另一种是阅读和理解，如 UNDERSTAND 程序；第三种是样例学习，它可以创造出新的适应性的产生式。然而，我们还不十分了解人类的学习活动。随着研究工作的进一步深入，一定能发现以上三种学习以及其他学习形式的内部过程。

人的内部表征是信息在长时记忆中存储的方式问题。关于这个问题的讨论仅仅是开始，还有很长的路要走。这方面的研究有一定的困难，我们对视觉表象这类问题还不十分清楚，因为信息存储的内部结构不能直接为人所观察。我们不能像计算机那样把解题过程打印出来，只能通过间接的办法进行研究。我们可以用计算机模拟的方法来研究表征。可以假设表征的方式是一张有许多节点的图画。这看起来是心理学上联想主义的古老看法，但是，把这一假设与计算机联系起来，就可以使研究更加细致。我们虽然提到了一些研究，但是对这些问题的最后解决并不能表示乐观，但也不能悲观。

心理学的理论及方法

实验心理学已有一百多年的历史，在这一百多年中，它的发展是很快的。但是，在这段时间中，人脑的研究却没有多大的进展，一百多年前发现的心理规律至今仍然有效。回顾自 19 世纪末艾宾浩斯记忆实验以来的各种心理学研究，其中的大多数还是很有价值的。在艾宾浩斯的研究中就已经有了关于 8 秒记忆一个组块的材料，虽然他并没有明确地指出这一点。科学有继承性，每一个科学家不一定都要建立自己的数据库，三百年前伽利略做的斜塔实验无需我们今天再做演示来加以证明。然而，在心理学的科学继承中，要运用过去的资料却有一定的困难。因为不同的实验，其情境不同，使用的方法也不同，这就给资料之间的比较分析带来了困难。就机械的语言学习而言，有的研究者应用的是对偶联想法；有的则采用系列学习法。同样的材料所采用的呈现方法也不相同（视觉的或听觉的）。若采用对偶联想法，就只能查阅使用这一方法的文献，研究的结果也只能说明对偶法的记忆，并没有广泛的意义。在问题解决的研究中也有同样的情况，无法将河内塔问题的解决过程与书生和野人问题的解决过程相比较。因为它们都有自己的具体情况、自己的规律，而没有一个更为广泛的具有普遍意义的模型。

近年来，借助于计算机科学的发展，我们建立了一些更广泛的模型——计算机模型，如 EPAM 和 GPS、模式识别程序、学习模型等。我们应该深入了解过去的实验研究，利用现有的信息加工理论加以解释。要很好地了解模型理论，就必须很好地了解计算机程序。正如要成为一个化学家或物理学家，应先学好微积分一样。在不久的将来，要成为一个心理学家，就必须懂得计算机程序，特别是 LISP 程序。

认知心理学必须研究信息的密度问题。心理学要提出精确的认知模型，就必须知道人脑每秒钟活动的变化，即要获得高密度的信息。过去的研究只积累了有关信息密度的一般资料，例如问题解决需要 5 分钟才有反应结果。现在通过眼动记录和口语记录分析，我们可以了解几秒钟内人脑活动的变化情况。口语记录方法是一个有效的方法，应加以推广应用。同时，我们应该发现新的、更有效的、能获得高密度信息的方法，以便能够分析人脑在几毫秒中的变化。

这种获得高密度信息的方法，也有助于对个别差异的研究。过去经典实验一般用团体被试，获得的结果是一组成员的平均值。现在使用了口语记录法，单个被试的材料增多了，更便于了解个别差异。例如在问题解决研究中，我们通过口语记录发现，各个被试所使用的策略是不同的。同样，我们也可以规定被试采用一定的策略，从而检查该策略的有效性。在问题同型的研究中，我们从采用策略的个别差异中可以了解到被试基本能力的差别。

认知心理学的应用

信息加工模型也可以用于研究教学工作。这主要是通过工作任务分析来研究教材的选用和课程的安排。要做好这些工作，就要了解学生完成任务的心理过程。现在我们可以用计算机来模拟这一过程，从模拟中了解人完成任务时的心理过程及其所需的信息。

机器模拟可以用于儿童学习的研究。儿童初学时总要犯一些比较一致的常见的错误——系统性错误，计算机能模拟这种情况。BUGGY 程序就能模拟儿童学习算术时常犯的错误，其操作如下：让儿童做一系列算术题，对于做错的题，机器能发现究竟错在哪里。通过分析错误的类型，让程序模拟这些错误，并把它和正确的解题进行比较，以发现产生系统错误的原因，如儿童可能缺乏某方面的能力等。

工作任务分析有助于教材的选用。研究发现，20 分钟的样例学习能使儿童学会因式分解，这比平常的课堂教学更有效。这方面的工作还有待进一步研究。工作任务分析可以检查教科书是否包括学生学会技能所需要的全部信息。因为教科书都是有经验的教师编写的，可能已经包括了这些信息，虽然这些教师并不一定意识到哪些是学生学会技能所必要的信息，哪些是不必要的信息。

在代数和物理教科书中，确实存在着一些值得改进的地方。从认知心理学的角度来看，学生要学到一定的物理技能，必须具有物理学产生式——要有行动的技能，了解情境条件，根据条件采取行动。但是，一些教科书只强调技能策略，而不顾条件的认知。例如，只要求学生背熟公式，而学生不知道什么时候使用公式。学生对力学的两个公式 $F=ma$、$V=at$ 都很熟悉，但是不知道什么时候用前一个公式，什么时候用后一个公式。目前一些教科书应加强学生知觉能力的训练，让他们先学会认识条件，然后选择适当的行动。

工作任务分析还能帮助学生了解和改进自己的学习方法。学生应学会在某些情况下进行理解学习，而在另一些情况下则进行机械学习。这两种学习各有利弊，理解学习能保持很久，而且易于迁移。关于样例学习和干中学习，学生可以合理地应用这两种学习方法。此外，通过对已解决问题的回顾，总结经验，可以提高解决问题的能力。

以上是认知心理学的信息加工理论在教育上的应用。这一理论还可以在人工智能和其他方面得到应用。

将信息加工模型应用于计算机，主要是让计算机也具有人的各种认知能力。虽然计算机的人工智能并不都是来自信息加工模型，但是，把两者结合起来，无疑有助于人工智能的研究。信息加工模型还可以用于工程设计方面，如机器设计工作中要考虑人的短时记忆容量，不应使任务过于复杂。在经济领域里也要应用人的信息加工规律，如大型工厂的中央控制室的设计就要根据这方面的知识。在商业、交通等方面也可以应用信息加工模型，使人的工作更有效。

总之，认知心理学是一门基础科学，它在人类社会的各个方面都有广泛应用的可能性。现代的四大前沿科学是物理学、天体物理、分子生物学和认知科学。认知科学作为一门前沿科学将会不断地发展，并展示出它的社会效益。

致　谢

1983 年春天我访问了中华人民共和国，在中国科学院心理研究所工作，并在北京大学讲授现代认知心理学，对此我感到非常高兴和满意。在我的讲演中，得到了我尊敬的两位同事——荆其诚教授和张厚粲教授的帮助，为我的讲演担任口译。后来他们又付出很多劳动整理译文，使它能以这本书的形式出版。我衷心地感谢他们非常有益的合作。

我还要感谢他们和中国的许多同事和朋友们，使得我在中国的访问既愉快，又在学术上有所收获。我希望这本书能作为一个微小的纪念，以表示我对他们热情接待的感谢，表示我对中国人民的情谊，以及我对中国文化和社会的尊敬。

由于认知科学正在迅速发展和不断创新，本书可能只是这一领域的不完整的反映。鉴于编译者的卓越能力，可以肯定地说书中的缺点应该是作者的责任，欢迎读者提出改进意见。

赫伯特·西蒙

参考文献和计量单位换算表

参考文献

Anderson，J. R. The Architecture of Cognition. Cambridge，MA：Harvard University Press，1983.

Anderson. J. R. Cognitive Psychology. 2nd edition. NY：W. H. Freeman，1985.

Gregg，L. W. (ed). Knowledge and Cognition. Hillsdale，NJ：Erlbaum，1974.

Kintsch，W. Learning，Memory and Conceptual Processes. NY：Wiley，1970.

Lindsay，P. H. and Norman D. A. Human Information Processing. NY：Academic Press，1972.

Neisser，U. Cognition and Reality. NY：W. H. Freeman，1976.

Newell, A. and Simon H. A. Human Problem Solving. Englewood Cliffs, NJ: Prentice-Hall, 1972.

Norman, D. A. Memory and Attention. 2nd edition. NY: Wiley, 1976.

Simon, H. A. Models of Thought. New Haven, CT: Yale University Press, 1979.

本书中出现的一些非法定计量单位与法定计量单位换算表

1 英寸（in）=0.025 4 米（m）

1 英尺（ft）=0.304 8 米（m）

1 码（yd）=0.914 4 米（m）

1 英里（mile）=1 609.344 米（m）

1 磅（lb）=0.453 6 千克（kg）

1 磅力（1bf）=4.448 2 牛（N）

人工智能

国家人工智能战略行动抓手

腾讯研究院　中国信息通信研究院互联网法律研究中心
腾讯 AI Lab　腾讯开放平台　著

政府与企业人工智能推荐读本。

人工智能入门，这一本就够。

2017 年中国出版协会“精品阅读年度好书”，中国社会科学网 2017 年度好书，江苏省全民阅读领导小组 2018 年推荐好书。

5G 时代

什么是 5G，它将如何改变世界

项立刚　著

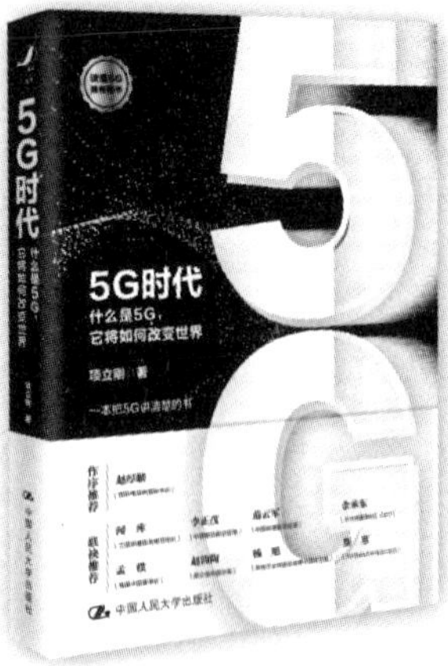

一本把 5G 讲清楚的书。

看懂科技新趋势，发现未来新机遇。

国际电信联盟秘书长赵厚麟作序推荐，工信部、中国移动、中国联通、华为、高通中国、爱立信、英特尔、GSMA 等机构的领导专家联袂推荐。